JN061286

丹沢山ろく名古木

# 棚田の生き物図鑑

企画・編集

NPO法人自然塾丹沢ドン会

夢工房

# はじめに

秦野盆地の東辺、国道246号線から直線で800メートルほどの位置にある名古木（ながぬき）の棚田。ドン会のフィールドは、雑木林に囲まれ、谷戸を小川が流れ、草地があり、ミカン畑・栗林・畑地が広がります。多様な要素により構成された、桃源郷のような名古木の「さとやま」。しかし、20年余り前に私たちが初めて足を踏み入れた名古木は、自然の循環の一部が途絶え、うっそうとした風景が広がっていました。里地・里山の荒廃は、全国いたるところで潜在化。戦後のエネルギー革命や経済成長による人びとの生活スタイルの変化などさまざまな影響を受け、薪炭林や落葉掻きの場としての役割を終えた里山に人びとの姿はありません。里山に連なる里地では、農家の人びとの高齢化による人手不足などから休耕地が広がっていました。

草を刈り、カヤを払い、ヤナギやクワなどの灌木を倒し野焼きをすると、風景が一変しました。さらに開墾作業を進めると、小川が現れ、水の流れが見えてきました。「ここは田んぼだ。棚田だったんだ！」。汗を流していたドン会メンバーに笑顔が広がりました。棚田の復元作業に勢いが…。それから20年余り、いま名古木には、伝統的な里地・里山の農村風景が広がっています。

＊　＊　＊

1992年3月に発足した丹沢ドン会は、2001年9月に神奈川県の認証を得て特定非営利活動法人となり、2021年3月に30周年を迎えました。これまで地域の人びとに支えられながら、何よりも活動に参加する丹沢ドン会メンバーや、丹沢自然塾生たちの多彩な知恵とパワーによりさまざまな困難を乗り越えて今日まで活動を継続することができました。

また、神奈川県や地元・秦野市との協働やいくつもの大学との連携、民間ファンドや篤志家などからの物心両面にわたる支援を得ながら活動を深め、広げることができました。都市と農村をむすぶ「丹沢自然塾」を毎年募集し、年10回のカリキュラムを組み農業・自然体験を実践。生物多様性をテーマにした「緑陰シンポジウム　in　名古木」や、未来を担う子どもたちに自然体験の場をと、「丹沢こども自然塾」を開催するなど、地道な活動を重ねてきました。社会に開かれた活動を通して、地域や神奈川県内はもとより首都圏にもその実践内容は情報発信され、長年月を経て市民権を得ることができました。

＊　＊　＊

名古木の棚田では、米づくりのために沢を流れる水を集めて田んぼに水を引きます。田を耕し、苗を育て、田植え・草刈り・草取り。梅雨の季節に丹沢で育まれた水で潤い、夏の太陽でエネルギーを充填した稲穂は、豊かな実りを得て秋の収穫を迎えます。一連の棚田の米づくりによって、かつて当たり前のように生息していた生き物たちが名古木の田んぼに帰って来ました。アカハライモリやタイコウチなどの水生生物が、水を得た魚のように泳ぎ回り、田んぼの下に眠っていた植物の種が長い時を経て芽を出しました。

いま、里地・里山の生物の多様性を支えるのは、農家に代わり担い手となった人びとの多様性です。人の営みと生き物たちの関わりや付き合い方、「自然と人間とのいい関係」とは何か。名古木の「さとやま」の米づくりを通して私たちは学びつづけています。丹沢ドン会は、伝統的な農村風景である名古木の里地・里山の自然を保全・再生し、次の世代に引き継ぐことを目指しています。参加者の多彩な個性を尊重し合い、それぞれの得意技を活かし合う、平らかな関係の仲間づくりが、これまで名古木の棚田を復元し、米づくりをはじめとする食べものづくりを実践してきた原動力です。忙しい現代社会の日常の中で少し立ち止まって食文化やそれぞれの生き方・暮らし方を考え、心豊かにスローな日常を取り戻すことがドン会のテーマです。

＊　＊　＊

名古木の今ある風景を次世代に継承するためには、名古木の自然の現状を知る必要があります。丹沢ドン会は、東海大学人間環境学科自然環境課程の室田憲一・北野忠・藤吉正明の先生方と慶應義塾大学一ノ瀬友博研究室と協力し、2017 年 4 月から 2020 年 3 月まで、3 年間に及ぶ名古木の自然調査を実施し、最終報告が 2020 年 8 月にまとまりました。深甚の感謝を申し上げます。

名古木の豊かな自然の現状を未来に伝えるためには、この報告書の内容を多くの市民と共有することが不可欠です。写真を多用し、図鑑形式で名古木の自然のいまを分かりやすくまとめることにしました。「名古木の米づくりと生物多様性のいま」「田んぼの植物」「田んぼの生き物たち」「棚田周辺の生き物たち」の 4 章構成です。また、田んぼ周辺の水辺や草地の管理方法や名古木の生物多様性の意味や現状、生き物たちの暮らしぶりなどを伝える特集やコラムを挿入し、丹沢ドン会のあゆみを略年表として巻末に掲載しました。丹沢ドン会の活動と、名古木の宝物である自然の魅力、生物多様性の現状を知り、名古木の風景を次の世代に引き継ぐための「テキスト」として、自然観察のハンドブックとして、この冊子が活用されることを願っています。

30 年に及ぶ丹沢ドン会の活動が、地域・行政・企業・大学・マスコミ・ミニコミなど、さまざまな人びとにより支えられてきたことに改めて思いを巡らします。これまで活動を担ってきた会員・丹沢自然塾の塾生とともに、「さとやま」の未来を子どもたちに託します。

2021 年 8 月　　NPO 法人自然塾丹沢ドン会　理事長　片桐　務

# 丹沢山ろく名古木　棚田の生き物図鑑　もくじ

## 田んぼ周辺の植物

## 第3章　田んぼの生き物たち　77

## 第４章　棚田周辺の生き物たち　113



### 昆虫類

## 鳥　類

## 両棲爬虫類



## 哺 乳 類

**<執筆者一覧>**

**第 1 章**　金田　克彦（NPO 法人自然塾丹沢ドン会専務理事）

**第 2 章**　藤吉　正明（東海大学教養学部人間環境学科教授）

**第 3 章**　北野　　忠（東海大学教養学部人間環境学科教授）

**第 4 章**　慶應義塾大学一ノ瀬友博研究室　秦野生物多様性プロジェクト
・清水　拓海（序・両棲爬虫類・<特集>水域管理）
・湯浅　拓輝（トンボ目・バッタ目・その他の昆虫・哺乳類
<特集>カヤネズミ・<特集>草地管理）
・古賀　　源（バッタ目）
・天野　　匠（トンボ目・ハチ目ヒメバチ科）
・中村　　滉（チョウ目）
・二川原　湧（鳥類・哺乳類）

# 第1章
# 棚田の米づくりと生物多様性のいま

## 名古木の棚田

国道246号の名古木交差点近くから歩くこと8分。車の行き交う道から川筋の脇道に入ると、都会の喧騒を忘れさせる風景に一転し、周囲は木々が鬱蒼と生い茂る雑木林に。太陽を遮る薄暗い道をたどると、いつの間にか山あいに畑地が広がり、雑木林の風の音を聞きながら歩いていくと、まるで別世界のような谷津が開けてきます。

ここに名古木（ながぬき）の棚田があります。「谷津田」（または谷戸田、谷地田）と言われる台地や谷沿いに挟まれた細長い窪地に拓かれた水田です。谷あいの雑木林と、そこから湧き出る沢水が、湿地、ため池、小川、水路などの水辺環境を形成しています。沢水は水路を通って田んぼに引き込まれます。そこには田んぼ、畦、土手や草地、その周囲に広がる畑地など、かつて当たり前にあった農村風景が広がっています。

名古木は、北西部の丹沢山地、南部の渋沢丘陵と大磯丘陵に囲まれた秦野盆地の東部にあります。東側は善波峠を擁する標高200 m～300 mの山を境

山笑う名古木の春

として、北は高取山（標高 556 m）から西方に連なる尾根を背負い寺山と接しています。西方は上原台地に囲まれ、南方が開けた、なだらかな傾斜地となっています。ここは、丹沢山地の東のはずれ大山の東南の裾に位置しています。

## 名古木の地名の由来

名古木（ながぬき）という地名は「神奈川懸中郡勢誌」（1953 年度版）によれば、文字の通り「なごき」と言われ、「なご」は「和（なご）し」、「き」は「処（ところ）」の意味で、荒い風を避けた和やかな所とされます。「日本地名学」（日本地名学研究所　鏡味完二）を見るとナコ、ナゴ（名古、名子、奈古、那古、中尾、名越 、名号）という地名はほぼ緩斜面や小平坦地の所に名づけられていることが多いのです。

地名の由来のとおり、名古木の棚田は、周囲を山に囲まれ、幾筋もの沢水に恵まれ、さらに谷津（谷地）と言われる山あいの窪地にあるため、風が遮られ気候がとても穏やかな所です。

## 棚田復元活動

NPO 法人自然塾丹沢ドン会は、伝統的な農村風景である名古木の「さとやま」（里地・里山）を保全・再生するために、棚田と畑で安心・安全な米づくりや、そば、麦、野菜などの食べものづくり、雑木林の整備などの活動を行っています。

ドン会が名古木において、棚田の復元活動を開始したのは 2002 年です。耕作放棄されていた田んぼを地元の農家から借り、荒れ果てていた田んぼを開墾し、復元を開始しました。復元活動は、機械を使わないカマ、クワ、スコップによる人海戦術の開墾でした。身の丈以上のササや雑草を刈り払い、ヤナギやクワなどの灌木を切り倒し、根っ子を掘り起こし、野焼きをしました。すると、かつてそ

棚田の開墾作業（上：元は左上のような鬱蒼とした繁み）
棚田の田起こし（下：クワ・スコップによる人力作業）

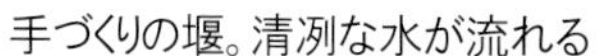

手づくりの堰。清冽な水が流れる

大雨警報下、濁流が流れる
（2021.7.3）

こにあった棚田がその姿を現しました。脇を流れる小川に幾つもの堰をつくり、土嚢を積んで水位を上げ、用水路を掘り、田んぼに水を引き込みました。しかし、禍福はあざなえる縄の如し。時には濁流に押し流されることも。

## よみがえる生き物たち

翌年の 2003 年から田植えが始まりました。笹藪や灌木に閉ざされていた休耕地に光が入り、水が流れ、空気が行き渡ると、かつて当たり前のように生息していた生き物たちの姿が再び見られるようになりました。沢の水が流れ、ノスリが舞い、緑と土のにおいを風が運びます。冬季湛水の田んぼにはアカハライモリ、タイコウチ、ホトケドジョウなどの水辺の生き物たちが甦り、いま名古木は生き物たちの楽園となりました。

桃源郷・名古木の空を舞うノスリ

生き物たちがこのように生息できるのは、私たち丹沢ドン会が、米や野菜をつくる農業を実践、つまり人間が自然に手を加え、田んぼや畑を維持しているから。耕作しないと「さとやま」は荒れ果て、自然の循環は途切れ、生態系は大きく変化します。適度に自然を耕すことで人間と生き物たちは共生できるのです。私たち人間も自然の一部。生物多様性を実現し、伝統的な農村風景を次世代に伝える担い手なのです。

## 伝統的な農村風景とは？

丹沢ドン会は伝統的な農村風景の保全・再生を理念に掲げて活動していますが、地元名古木や秦野市のかつての農村風景はどのようなものだったのでしょう。秦野市は神奈川県唯一の盆地の街です。周囲を丹沢山塊と渋沢丘陵に囲まれた扇状地です。緑のダム・丹沢に降った雨は山で土に浸透し、盆地内の地下水として保存され、下流で多数の湧水を形成しています。このため、耕作地の 90%以上は畑です。

秦野は江戸時代から葉タバコの産地として知られ、秦野葉は水府（茨城県）、国分（鹿児島県）と並んで日本三大葉タバコの一つとして名を高めました。宝永 4 年（1707 年）の富士山の噴火で田畑が全滅。それまで作られていた他の作物の耕作が困難となる中、火山灰土での耕作が可能な換金作物として葉タバコ耕作が行われるようになりました。幕末から明治にかけて民間の喫煙習慣の拡大や技術改良により、秦野の葉タバコ耕作は発展し、大正から昭和にかけて全盛期を迎えました。夏作の葉タバコは陸稲と落花生の輪作、冬作は麦と菜種、間作に蕎麦という二毛作体系が長い間行われてきました。菜種は油の原料であり、絞った油粕は葉タバコの肥料となりました。秦野の畑は、春は菜の花の黄色、夏は葉タバコの緑、秋は秋そばの白で彩られていました。

## 「さとやま」が支えた秦野のたばこ栽培

秦野市東地区に位置している名古木は、昔から農業を主体とした地域で、江戸時代から葉タバコを特産としていました。明治末期から本格的にタバコ耕作が普及し、大正末期に作付けが最大となりました。明治、大正、昭和の長きにわたり、名古木の大多数の農家は葉タバコを基幹作物とする農業を営んできました。

葉タバコ栽培にとって必要不可欠

菜の花

タバコ乾燥小屋（西田原）

そばの白い花

なのが苗床に施す肥料ですが、これには落ち葉と菜種の油粕が使われました。落ち葉は山の入会地から確保しました。名古木地区では、明治になって地区の２か所の山の入会権を得て「割り山」として区分占有し、地域で共有しました。

「割り山」は15年に1回、「割り山変え」として「持ち山」を変えました。受け持つ山の区域の使用期間を区切り、定期的に換地することで公平性を保つという当時の農民の知恵でした。

クヌギやコナラは「割り山変え」に合わせ15年の単位で切り出しました。木を伐採した後、その切り株から新しい芽がたくさん出て15年〜20年後には元通りの大きさに成長するからです。切り株から育つ芽は種から育つ芽に比べ成長も早く、地面より高い場所にあるため光も豊富。大きい根っ子の上に育っているので水もたっぷりでよく育ちます。これを「萌芽更新」と言い、日本の「さとやま」では、この性質を利用して古くから森を管理してきた長い歴史があります。

名古木の雑木林で落葉掻き

1反（約1000㎡）の葉タバコ栽培には3反の山の落ち葉が必要で、農家は、雑木林にクヌギやコナラなどの落葉樹を競って植えました。秋になると雑木林に入り、まるで庭を掃くようにきれいに落ち葉を掻き集め、背負い籠に押し詰め、さらに落ち葉は牛車に詰め替えタバコ畑に運ばれ、土やヌカ、菜種を絞った油粕と混ぜて、タバコの苗床の堆肥となりました。当時は、燃料として燃し木としての枝、薪や炭も欠かせないものでした。薪炭林としての雑木林の存在は大きなものでした。

秦野市羽根の雑木林の管理作業（上）、植樹（下）

葉タバコ栽培は連作がきかないため、3、4年周期で栽培されました。1年目が葉タバコ、2年目が陸稲、3年目が落花生、4年目

秦野盆地·東地区を遠望

が里芋類、裏作に麦と菜種、中間作にそばという輪作体系だったと、地元の農家の回顧談です。

## 「さとやま」の風景が激変

名古木の春は、山あいの畑が一面菜の花の黄色に染まり、絵に描いたようなな里山風景だったと言います。また、名古木には菜種油専門の油屋さんがあったほど菜の花が生業や生活に密着していました。

このように、自然と暮らしが結びついた生業が名古木の「さとやま」にはありました。人びとは、雑木林の手入れを丹念に行っていました。間伐、やぶ払い、下草刈り、落ち葉掻きなどにより管理された雑木林には明るい陽が射し、林床には多くの生き物たちが生息していました。春には、キンラン、シュンラン、ホウチャクソウなどの草花。夏には、コナラやクヌギの幹から出てくる甘酢っぱい匂いにひかれてたくさんの虫たちがやってきます。カ

名古木の「さとやま」（丹沢ドン会の活動フィールド）北東の方向

ブトムシ、クワガタやチョウ、ガ、ハチなどです。林の中の落ち葉や朽ち木は昆虫たちの大切な餌場であり、ねぐらとなり、冬場は霜を防ぎ冬越しもできたのです。

農業が輝いていた時代には、山も田畑も見事なほどに手が行き届いていました。ところが、1960年代後半になり、エネルギー革命や高度経済成長による急激な都市化の進展による農用地の開発拡大や農業従事者の激減なども相まって、1974（昭和49）年には「秦野葉」が、10年後の1984（昭和59）年には「黄色種」が姿を消しました。400年の歴史を持つ秦野タバコの栽培の終焉でした。

名古木の葉タバコ栽培はそれに先立つ1970（昭和45）年を最後に廃作となりました。同年、名古木では地域農業振興策として、ミカンを対象にした「農業構造改善事業」が実施されました。かつての葉タバコの畑はその姿をミカン畑に変え、現在に至っています。

## 「さとやま」がはぐくむ多様性

2010年に名古屋で開催された第10回生物多様性条約締結国会議（COP10）では、日本の「里地・里山」を自然共生のモデルとする「SATOYAMAイニシアティブ」という理念が打ち出されました。急速に失われている生物多様性保全のためには、人間の手が加わることで維持されてきた二次的自然地域の保全も重要であることを主張してきた日本の姿勢が国際的に認められたのです。二次的自然地域とは、畑、水田、水路、ため池、草地、二次林など人の手が加わり形成されてきた複合的自然地域です。

こうした二次的自然地域を「里地・里山」と称していますが、ここでは平仮名の「さとやま」であらわします。日本の「さとやま」は、樹林、草原、水路、ため池、水田、畑などの多様な自然環境がモザイクのように組み合わさっています。多様な自然環境があるほど生物の多様性が高いとされています。

南の方向（秦野盆地の市街がかすかに望める）

生き物にとって多様な生息場所があれば、多様な生き物もそこで暮らしていくことができます。林の中の暗い環境を好む動植物もいれば、日の当たる明るい環境を好む動植物もいます。草原が好きな昆虫、湿地が適している草花や昆虫、水辺しか生きられない水生昆虫、雑木林と田んぼを行き来する生き物など、生き物たちは異なった生育環境で生息・生育します。また、多様な自然環境は多様な植生を生み育て、多様な生き物が集まります。このように、異なる生態系を合わせ持つ「さとやま」は多様な生き物を生み育てるホット・スポットなのです。

## 棚田の米づくりは自然との共生

棚田の米づくりは冬仕事から始まります。冬仕事は棚田の米づくりの土台となる仕事で、それは自然とのたたかいでもあります。沢水を引き込んだ水路には土砂や枯れ葉が容赦なく溜まります。棚田の畔はサワガニなどの生き物たちの生活の場。田んぼの地面や畔に穴が開けられ、水漏れは日常茶飯事。開けられては塞ぎの生き物と人間のイタチごっこです。秋になると、イノシシが冬の栄養源を求め水路や畦畔の土を掘り返しにやってきます。小川の土手は流水に浸食され崩落の危険にさらされています。田んぼの周りの雑木林は放って置くと竹藪でおおわれ、林床が暗くなり田んぼへの陽を遮り、イノシシやシカの格好の隠れ場所にもなってしまいます。

## 冬季湛水と生き物たちの命の循環

冬仕事は水辺環境整備から始まります。冬季も湛水して、生き物がいっぱいの田んぼをつくるためには水の確保が重要な仕事です。沢水を引き込んだ水路に溜まっている流木や落ち葉、土砂をかき出し、水の流れをよくします。ビオトープの補修作業も行います。沢から流れ込む水は冷たいので、水路から直接水を田んぼに入れるのではなく、滞留用のため池を通します。これがビオトープですが、水辺に生きる生き物たちにとっても大切な住処です。ホタルの餌となるカワニナもここで育ちます。

新しく作ったビオトープに、2020年1月末、夥しいほどのヤマアカガエルの卵塊が宿り私たちを驚かせました。一度の産卵で1000個以上の卵を球状の卵塊として産むのです。ヤマアカガエルは冬眠から覚め

冬仕事はドン会の肉体派が担う

ヤマアカガエルの卵塊

冬季湛水中の田んぼ

て他のカエルより早い時期の１月～２月に産卵します。これは、水生昆虫やヘビなどの天敵を避けるための戦略だと言われています。産卵が済むとまた冬眠に戻るという不思議な習性を持っています。この卵塊は春先に孵化してオタマジャクシになりますが、その数がどんどん減っていきます。タイコウチ、アカハライモリなどに捕食され、大切な栄養源としてその命をつないでいるのです。

水辺環境整備が終わると、畔や土手の整備です。崩落した土手に杭を打ち、土嚢を積み上げ補修します。崩れた畔を修復し平らにならし歩きやすくします。サワガニが空けた田んぼや畔の穴の修復も大切な作業です。「陽寄せ（ひよせ）」と言われる小水路もつくります。田んぼの水回りを良くし、温める効果があります。あるとき、この「ひよせ」にアカハライモリの群れを発見しました。昼に高温水となる水田よりも、植物の根や葉などの隠れる場所が多く、水温が一定な「ひよせ」はイモリの産卵場所にもなっているようです。夕暮れ時には水温が下がるのでしょう、イモリは水田に出てきて水生昆虫やオタマジャクシを追いかけているようです。米づくりには多様な水辺環境の整備が必要になっていますが、そのことが生物多様性の保全につながっていることを間近に見ることができるとは驚きです。

## 雑木林の手入れで陽が射す

畦や土手の整備と並行して雑木林の整備も行います。2020 年、雑木林に近い最上段の田んぼの稲がイノシシやシカの侵入により全滅しました。棚田の周囲の雑木林は竹藪に覆われ真っ暗です。イノシシやシカはこの暗闇を利用して田んぼに侵入するのです。手入れが行き届いた明るい雑木林には獣は近づきません。

雑木林の管理で田んぼに陽が射した

そこで、何年も手付かずだったこの雑木林の手入れを冬仕事として行いました。雑木林には4～5mほどのアズマネザサが隙間なく生い茂り、クサギ（臭木）という落葉小高木も密集していました。これが田んぼに半日陽が射さない要因となっていました。

アズマネネザサをノコギリや刈払い機で伐採し、チェーンソーでクサギを切り倒していくと、その先のミカン畑に行きあたりました。雑木林は明るい林床となり、田んぼにも陽が射し込みました。春には、明るい林床を求めてどんな花が咲くのかが楽しみです。秋の収穫時には、獣害対策の効果も出るのではと期待しています。

## 春を告げる草花と野草の楽しみ

春はもうすぐと教えてくれるのがフキノトウ。2月～3月頃、小川の土手を歩きまわると、枯れ草の間から顔を出しているフキノトウの蕾を見つけることができます。小さい春を発見したような嬉しさを感じます。この時期、雑木林の周縁の湿地帯や田んぼに群生しているセリや小川の底や田んぼの流水域に群生するクレソンを摘む楽しみもあります。そのままサラダにするのもいいですが、クレソンのしゃぶしゃぶは、ひと味ちがった美味しさです。

草地や畦道の斜面の陽だまりに目を向けると、コバルトブルーの小さな可憐な花が咲いています。オオイヌノフグリです。小さな青い瞳が覗いて見えることから「星の瞳」という別名もあります。春の花の彩りは何といっても菜の花。3月、棚田の畦道や斜面、草地、畑に鮮やかな黄色に咲き誇る菜の花の美しさに見惚れます。

春を告げる使者は他にもいます。ヤブカンゾウです。土手や畔の水際の土からいっせいに顔をのぞかせた若い芽を根際で切り取ります。おひたしや酢味噌和えにすると甘みもあり、とても美味しい。これらの野草は多年草なので根こそぎ採らないようにしています。根を残し来年用にとっておきましょう。春は野良仕事の合間にこうした野草を摘む楽しみがあります。

## 米づくりは塩水選・苗代づくりから

米づくりは3月上旬に行われる塩水選からスタートします。塩水に種籾を漬け、比重の重い種籾を選び出します。こうして選別した中身のつまった種籾は、次に浸種という方法で眠っている種籾を芽覚めさせるのです。芽を覚まさせるには水分と温度と酸素が必要です。水を張ったバケツに網袋ごと種籾を浸します。毎朝水を変え、網

棚田の原で「塩水選」

田起こし(左上)、苗床づくり(右上)、種モミ播き(左下)、苗床に播いた種の上に土を被せさらに不織布で覆い、周囲を水で浸す(右下)

袋を引き上げて水を切り、酸素を補給し、平均水温10度以下で約2～3週間ほど浸種すると、積算温度100度～120度で種籾は発芽します。発芽した種籾は、田んぼに作った苗代に播きます。あわせて種籾を播いた苗箱も苗代に運び、不織布でカバーし、水を張りますが、この後の水の管理が大切になります。

今ではほとんどの農家が田植え機用の苗をJA（農協）から購入していると聞きます。苗代による自前の苗づくり。ドン会の米づくりは塩水選、浸種、苗代による苗づくりという日本の伝統的な米づくりの手法を継承しています。

## 田起こし・代かき

この頃、田んぼは田起しこで大忙しです。万能で土の天地を返し、土に空気を入れます。こうすることで苗を植えたときの根の成長が促進されます。空気を入れた土は田んぼの水と混ぜドロドロの状態にし、次の代かき作業に備えます。田起こしは代かき前の力仕事ですが、ドン会の田んぼ作業はほとんど機械を使わない人力による肉体作業です。ですから、一人でやっても面白くありません。みんなでワイワイおしゃべりしながら作業するから捗るのです。

この時期、田んぼの草取りもしますが、その多くの草はスズメノテッポウ

畦塗り(左)、代かき(右)

です。春の田起こしの前に生えるスズメノテッポウは花穂が黄褐色で鉄砲のような形をしています。黄色い花を咲かせるタガラシもよく見かけますが有毒植物なので要注意。

名古木の「さとやま」が緑に包まれる４月。春の陽は力強く、野鳥が翼を広げ空に舞います。山が目を覚ましたのです。土の匂い、新芽の香り、朝露のきらめき、生き物たちが輝きを増す季節です。水路や畦道付近には、シロツメクサやスズメノエンドウ、カキドオシ、ゲンゲが咲き始め、春を実感させます。土手の陽当たりの良い斜面にはクサボケやオドリコソウなどの野草が彩りを添えます。

棚田の田んぼは、田植え前の代かきの真最中。田んぼに凹凸があると水が均一に張れません。田んぼを真っ平にすることが大切です。田んぼに張った水が水準器の役割を果たします。レーキという代かき用具を使って土をならし、田んぼを平にします。このような作業を経て田んぼの土は踏み込まれトロトロ層もでき、漏水を防ぐことができるのです。

## 生き物たちとの共生

代かき作業をしているときに、畔際に白い泡状の卵塊をよく見かけます。シュレーゲルアオガエルが産卵したものです。作業中、卵塊をうっかり足で踏みつけてしまうことがあります。思わず、「ごめんなさい！」と叫んでしまいます。

田植え前のもう一つの仕事に畔塗りがあります。先ず、畔の草刈りから始めます。畔を含めた田んぼ周辺の草刈りは年に数回行いますが、昆虫たちに配慮した草刈りが望まれます。例えば斜面草地の草を全部刈ってしまうと、昆虫の逃げ場なくなり、生存が危うくなります。半分刈って時期をずらしてまた半分刈り取るなどの方法で刈り残す場所を設け、草地の連続性を

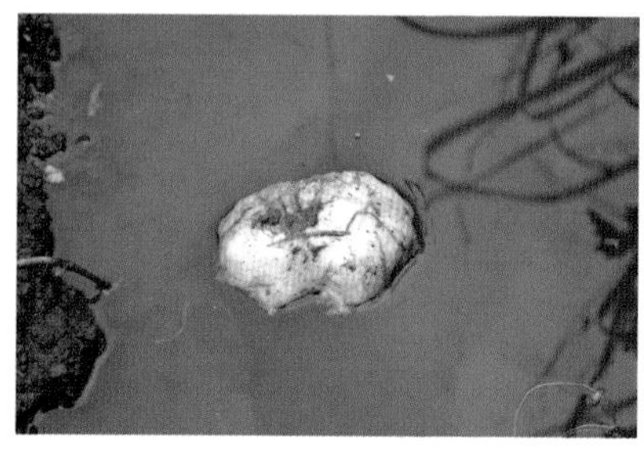

シュレーゲルアオガエルの卵塊

維持することが大切です。刈り方も高刈りと言って、根ぎわから刈らずに地面から数センチ高い位置で刈ることも必要です。草地があるからこそ草地を好む生き物が生息できるということを常に念頭に置いています。

田んぼに水を溜めるためには、畦をしっかりとつくらなければなりません。ドン会の田んぼは、鍬やスコップを使って昔ながらの方法で畔塗りをします。地元の農家でドン会の農作業の師匠であった故・関野丑松さんの直伝です。鍬などで斜めに少し畔の土を削り、田んぼの水と混ぜ合わせ踏み込み、ドロドロにした土を畔に塗ります。30枚近い田んぼの畔塗りを終えると、滑らかな曲線を描いた棚田の風景が現われます。その美しさに我を忘れるほどです。

苗取り(上)、手づくり定規で田植え(中)、青々と育った田んぼの苗(下)。大雨警報下、中央を流れる小川には濁流が(2021年7月3日)

## 田植え

ドン会の田植えはすべて手植えです。苗と苗の間隔を30センチで植える30センチ正条植えという方法です。この間隔を取るためには田んぼに筋を付けたり、紐を張る方法もありますが、ドン会は手作りの30センチ間隔の「田植え定規」を使って田植えをしています。

田植えが終わると田んぼは一面、緑に覆われます。変身したその姿に心が躍ります。

田植え後の田んぼほど美しいものはありません。背丈が低い苗が整然と並び水面にその影を映します。緑は日々その色を濃くしていきます。稲の生長の中でもっともドラマチックな変化を見せるときです。

## 田んぼの草取り

田植えの後の田んぼの草取りはドン会の米づくりにとって不可欠です。除草剤は使わないので草取り作業が大変ですが、その分、安全で安心なお米を食べることができ、生き物たちもこの田んぼで生息することができるのです。

田植えのあと２週間もすると、田んぼにはいっせいにコナギの若い芽が群生します。コナギは種子で繁殖する１年生の水田抽水植物で、ドン会の田んぼにとってヒエと並んで稲に最も害を及ぼす２大水田雑草です。コナギは成長すると、葉はつやを帯びた細長いハート型となり青紫色の清楚な花を咲かせます。繁殖力が強く一度に発生する量が多いので出芽後の幼いときに一気に摘み取ることが肝心です。最近は、立ったまま草取りができる草取り用具を使いコナギを掻き取ります。田んぼでよく見かける植物は、この他に葉がクワイの葉によく似ているオモダカや胞子茎をつくしと呼んでいるスギナ、淡紅色の花を咲かせるイボクサなどがあります。

## 多様な生き物たちの生息環境

子どもたちが昆虫を追いまわす夏は、陽光を浴びて田んぼの稲がぐんぐん成長する季節です。シュレーゲルアオガエルが青い小さなカエルになって田んぼ周辺を飛び回ります。名古木で一番よく見かけるカエルはツチガエルです。イボガエルという俗称のとおり、イボイボがあるのでよく分かります。７、８月の真夏に水路や田んぼにポトンと飛び込む姿をよく見かけます。

田んぼの生き物観察教室

丹沢子ども自然塾

溜め池づくり

こうした両生類は水域と陸域を行き来する生き物で、雑木林や田んぼが生息環境となります。繁殖期以外は雑木林の草や灌木、樹上などで生活していますが、春（一部は冬）から夏にかけて田んぼなどの水辺に集まり産卵して繁殖します。この時期、田んぼをスーッと通り抜けるシマヘビやアオダイショウも見かけます。ヘビは、田んぼ周辺で昆虫を食べているカエルなどを食べ、そのヘビはノスリなどの生態系のピラミッドの頂点に立つ猛禽類に捕食されます。このようにヘビなどの爬虫類は、名古木の棚田の食物連鎖の橋渡し役として重要な役割を担っているのです。

夏の田んぼでよく見かけるトンボはシオカラトンボです。オスは白い粉を帯びるシオカラ色で、同時期に見られるオオシオカラトンボは体色が濃い青色なので違いが分かります。オニヤンマもよく見かけます。トンボはヤゴの時期に水中で過ごします。田んぼや小川、ため池がある棚田周辺はトンボにとって最適な生育環境なのでしょう。

## オオムラサキの棲める環境

野菜畑にあるエノキの大木は、夏には緑の葉を大きく広げ、畑作業の一休みに最適。ここでオオムラサキを発見しました。紫色の美しい羽根を持つ国蝶のオオムラサキはエノキに依存して生活します。エノキに産卵し幼虫になるとエノキの葉っぱを食べ、羽化して蝶になるとクヌギの樹液を吸って生き、また、エノキの木に卵を産み、そしてエノキの木の近くで土に帰ります。エノキの大木があり、クヌギやコナラもある名古木の「さとやま」は、環境省や神奈川県の絶滅危惧種に指定されているオオムラサキの貴重な生存場所なのです。

９月になると田んぼの水を抜き、稲刈りに備えます。台風や強風で倒伏している稲を起こして紐で結ぶ作業もあります。この時期、稲に群がる昆虫はイナゴ。イナゴ（稲子）の名前のとおり８月～９月に稲の葉を食べに田んぼに飛来します。ハネナガイナゴという種で、近年、水田への農薬散布や乾田化の影響で全国的に減少した種と

エノキ

オオムラサキ

されています。ドン会の田んぼでハネナガイナゴが多く見られるのは、農薬を使わないことと冬季湛水のお陰と考えられます。

## 稲刈り

秋の心地よい風が吹き始める９月半ばを過ぎると、いよいよ米づくりも終幕、収穫のときがやってきます。田んぼを見渡し、成熟の早い稲から刈り取ります。鎌で刈り取られた稲は天日干しのためのハザに掛けます。２週間かけてゆっくり乾燥させることで、稲の茎に残っている栄養分が一粒一粒に行き渡りお米を成熟させます。

収穫期を迎え黄金色に輝く棚田の稲穂（上）
左上：稲刈り、ハザ掛けで天日干し
中：脱穀作業
下：精米したての新米をカマドで炊き上げる

ドン会のお米がおいしいと言われるのは、「日本一美味しい水」とも評価される秦野の豊富な水と、昼夜の寒暖の差があること、天日干しの３つがそろっているからでしょうか。

## 名古木の秋

稲刈りが終わった田んぼは切り株だけが残り静寂そのもの。ハクセキレイが田んぼの虫をついばみにやってきます。田んぼの空を見上げると、青く澄んだ天空にノスリが舞っています。田んぼの畦道に真っ赤に咲く彼岸

そばの収穫（左）
手打ちそば体験教室（右）

花が秋の訪れを感じさせます。土手の斜面には可憐な赤い穂を持つワレモコウがひっそりと咲き、白く輝くススキの穂が秋風にそよいでいます。こうして名古木の「さとやま」は秋色に染まっていきます。

ドン会収穫祭で輪になって踊る

秋の仕事の最後にセイダカアワダチソウの一斉駆除作業があります。北アメリカ原産の外来の多年草で、秋に黄色い花を咲かせます。花が枯れても地下茎は生きていて越冬して発芽するので、根こそぎ抜き取ります。繁殖力がとても強く、ススキなどのイネ科の植物の生育を阻害するやっかいな植物です。

近年、ドン会の棚田周辺にも群生し、ススキの成長を阻害しています。3 年かけて徹底駆除した結果、最近ではススキの数も増え里の秋の景観を取り戻しています。

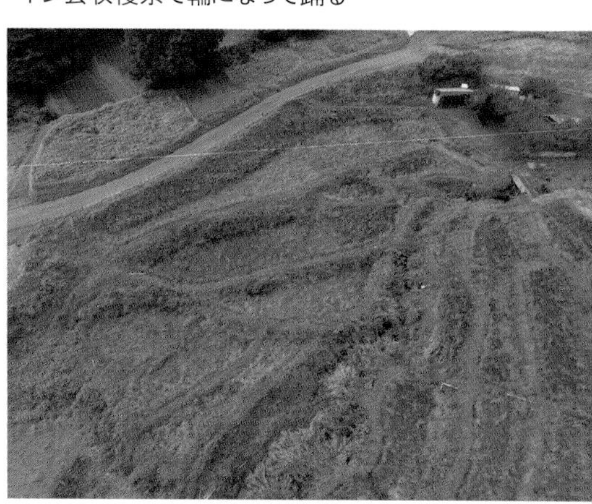

名古木の棚田をドローンで撮影

秋が深まり、名古木の「さとやま」に木枯らしが吹きます。落葉樹や草花の葉は枯れ葉になって空を舞い大地に積もります。その枯れ葉は、やがて地面の土と同化し、新たな芽吹きのための養分となります。生き物たちは冬眠に備えて食べ物探しに必死です。

こうして名古木の「さとやま」は冬の眠りに入ります。人間の都合を少し控えて自然に手を加え、田んぼや畑を維持し守り続ける「さとやま」は、あまたの生き物たちの命の営みを支えているのです。

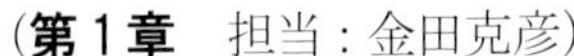
（**第１章**　担当：金田克彦）

ススキ

## ＜参考文献＞


●東海大学・慶応大学による名古木棚田の自然（環境）調査報告書（2020年）
● NPO法人自然塾丹沢ドン会「名古木の自然」（2003年）
● NPO法人自然塾丹沢ドン会「名古木の水生生物・ほ乳類の野花たち」（2006年）
●メダカ里親の会「たんぼのまわりの生きもの」（下野新聞社）
●静岡県農林技術研究所「静岡県田んぼの生き物図鑑」（静岡新聞社 2010年）
●鷲谷いづみ・竹内和彦・西田睦「生態系へのまなざし」（東京大学出版会 2005年）
●鷲谷いづみ「さとやま」（岩波ジュニア新書 2011年）
●鷲谷いづみ「生物多様性入門」（岩波ブックレット 2010年）
●山口明彦「山菜ガイドブック」（永岡書店 1992年）
●「神奈川県中郡勢誌」（中地方事務所 1953年）
●「神奈川県農業実態調査報告書」（神奈川県 1954年）
●鏡味完二「日本地名学」（日本地名学研究所 1958年）
●神奈川県煙草耕作組合連合会「神奈川県煙草誌」（1949年）
●日本専売公社「葉たばこのできるまで 1958年」
●「秦野たばこ史」（専売弘済会 1978年）
●石塚利雄「秦野地方の地名探訪」（創史社 1980年）
●「秦野市史別巻たばこ編」（秦野市 1984年）
●秦野郷土文化会「秦野郷土研究」
●井上卓三「秦野市史研究・名古木の移り変わり」（秦野市 1990年）
●秦野植物調査研究会「東地区の自然・名古木の谷戸」（1998年）
●あすなろ会「東地区名古木の自然・環境別植物調査」（秦野市教育委員会　2000年）
●あすなろ会「東地区名古木の自然・里山の虫たち」（秦野市教育員会　2003年）

第2章

# 田んぼの植物

## ■植物を中心とした名古木の自然環境

名古木の水田は、区画整備の行われていない斜面に形成された階段状の棚田です。水路は、U字溝などの人工物は一切使用されておらず、全て人の手により掘られた自然水路となっています。棚田には、中央に山間部から流れ出した小川が存在していて、その水を利用して稲作が行われています。調査を実施した棚田は、代掻き作業及び稲作が行われた耕作田が20ヶ所と稲作が行われていない休耕田が10ヶ所でした。それらの棚田の多くは1年を通してほぼ冠水状態であり、湿田となっていました。また、棚田周辺の畦は稲作栽培の都合上、年に数回の草刈が行われていました。棚田の周辺は、畑やクリ・ミカン等の果樹園、雑木林、竹林等が隣接して存在しています。雑木林に近いところの棚田は、日当たりが悪く、より湿った環境となり、逆に畑付近の日当たりの良い棚田は、より乾燥した環境となっていました。このようなことから、同じ棚田でも植物の生育環境は多岐にわたっているため、その多様な環境にどのような植物が生育しているのか、その分布や種類数の現状を調べてみました。

## ■調査の方法

植物の調査は、東海大学教養学部人間環境学科自然環境課程の学生を中心に、2016年11月から2020年3月までの期間、基本的に毎月2回（約80回）実施しました。

調査方法は、棚田の多様な環境に生育している植物を見落としがないように隈なく調べ、基本的にはその場で植物名を記録しました。

畦周りの日当たりがよく乾燥した場所からイネが栽培されている耕作田内、休耕田、小川付近の湿った環境まで広

多様な環境が存在する名古木の棚田

野外及び室内での植物観察

く生育する植物を記録しました。また、その場では識別が不十分または困難なものについては、植物個体を採取し、大学の研究室において、スキャナで全体を記録し、実体顕微鏡による詳細な観察を済ませた後で、押葉標本（さく葉標本）を作製しました。

## ■調査の結果

調査の結果、約 250 種の植物を確認することができました。特に多くの種が確認された科は、チガヤ、ススキ、ヨシ等を含むイネ科（37 種）とコオニタビラコ、モトタカサブロウ、カントウヨメナ等を含むキク科（35 種）でした。過去の調査（高橋ほか 2007）においても同様の結果が確認されていることから、これらの科が棚田草地の代表的なグループと言えます。

調査結果より、多様な環境に生育していた種と逆に限定された環境で生育していた種の大きく 2 つのタイプに分けられました。まず、乾燥したところから湿った環境までの多様な環境で見つかった植物は、ツユクサやウシハコベ、ドクダミ、コブナグサ等が挙げられ、それらは適応能力の高い種と言えます。

一方、限定された環境（耕作田としての本田、畦畔、畦と耕作田の間の斜面や渓流、林縁付近の草地）でのみ確認された種も多かったです。例えば、本田ではコナギやオモダカ、ミズオオバコ等が特異的に確認されていますが、それらの生育には水分量や水深等の水環境が非常に関係していることが推測されます。また、逆に棚田に存在する斜面のより乾いた草地では、ノカンゾウ、ノアザミ、クサボケ等が特異的に観察されていて、これらは人の草刈り管理や乾燥した環境に適応できた種と思われます。このように、広範囲に高い環境適応力を持って生育している植物がある一方で、限られた環境のみで生育している種も存在しているため、両方の生育を考えると多様な環境（水分・水流・土壌栄養・人為的な撹乱）

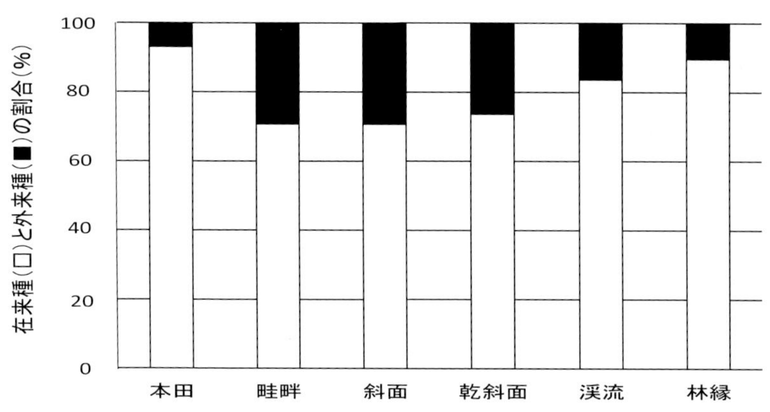


各環境ごとの在来種及び外来種の割合

の維持・継続が必要であると思われます。名古木棚田は、このような多様な環境が存在している結果として、種多様性の高い場所になっているのです。

## ■今後の課題

調査の結果より、2つのことが明らかになりました。

一つ目は、棚田に侵入している外来植物です。環境ごとに確認された総種数に対する外来植物の割合を算出してみました。その結果、畦畔や斜面草地では、それらの環境で確認された植物種数の3割が外来植物ということになり、他の環境と比べて侵入割合が高いことが明らかになりました。

2つ目は、今回の調査で神奈川県において準絶滅及び絶滅危惧植物に選定されている種が4種（イチョウウキゴケ、ミズニラ、イトトリゲモ、ミズオオバコ）確認されたことです。今後、これら4種を含めた在来植物の保全や外来植物対策を検討する必要があります。

次ページから田んぼ内やその周辺で見られる植物をおおよその開花順に掲載しています。田んぼ内とその周辺で見られるものに分けていますが、一部､両方の場所で確認される植物も含まれています。

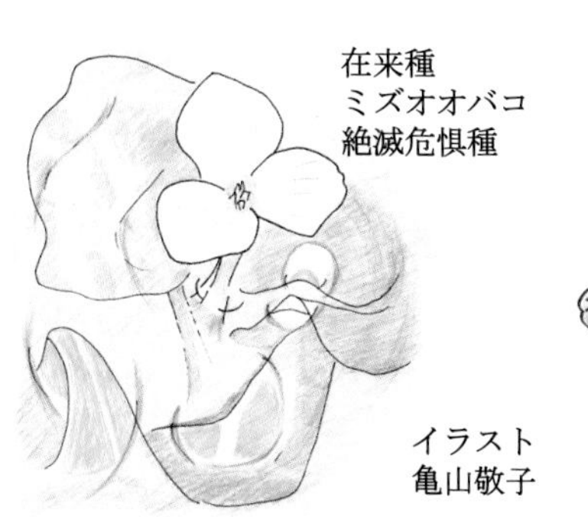

在来種
ミズオオバコ
絶滅危惧種

外来種　ゲンゲ

イラスト
亀山敬子

# 田んぼ内の植物

## ●スズメノカタビラ　イネ科

**生育環境**：やや湿り気のある耕作田や草地

**花期**：夏季を除く通年　1年草

1年草と示していますが、稀に数年生きる多年草の個体も存在しているようです。高さ10から20㎝程のイネ科植物で、全体無毛です。生育環境は幅広く、湿り気の多い耕作田から乾燥した畑付近まで分布しています。神奈川県内でも広く確認されていて、北海道から沖縄までの広い地域に普通に見られる植物です。

## ●タネツケバナ類　アブラナ科

**生育環境**：湿り気のある耕作田や畦

**花期**：2～5月　越年草もしくは多年草

タネツケバナ類には、タネツケバナ、ミチタネツケバナ、タチタネツケバナ、オオバタネツケバナ等複数種含まれています。これらは、日本の在来種から外来種まで存在します。根生葉は鳥の羽の形をした羽状複葉となり、春先茎を垂直に伸ばし、先端に白い花弁を4枚持つ花を形成します。これらの識別は注意が必要です。

## ●ゲンゲ　マメ科

**生育環境**：やや湿り気のある耕作田や畦

**花期**：3～4月　越年草

別名はレンゲと呼ばれています。中国原産の植物で、古い時代に緑肥として水田等へ導入され、それらが野生化して県内広く分布しています。葉は、小葉が鳥の羽のような付き方（(羽状複葉）をしていて、紅紫色の小花が柄の先に集まって付きます。小花は、旗弁、側弁、竜骨弁の3タイプで構成されています。

## ●コオニタビラコ　キク科

**生育環境**：湿り気の多い本田

**花期**：3～5月　越年草

ロゼット状の根生葉を形成し、越冬

します。越冬後は、気温が高くなると茎先が斜上し立ち上がり、先端に舌状花のみの頭花（集合花）を複数付けます。名古木にはオニタビラコという種も存在しますが、オニタビラコは茎が垂直に立ち上がるのに対して、本種は斜上するため、その点で区別できます。

## ●コハコベ　ナデシコ科

**生育環境**：やや湿り気のある畦や草地

**花期**：3～10月　越年草

本種は、明治以降に帰化した外来植物であり、現在では北海道から沖縄まで広範囲に生育しています。葉は全体的に丸みがあり、茎先端部分に白色の2叉花弁を5枚有する花を付けます。近縁種は、ミドリハコベが存在し、ミドリハコベの雄しべは10本程度に対して、本種は少ないため、その点で区別できます。

## ●トキワハゼ　サギゴケ科

**生育環境**：湿り気のある耕作田

**花期**：3～11月　1年草または越年草

高さ10㎝程の植物で、花は淡紫色をしていて、黄色の斑紋がある唇弁が特徴的です。近縁種としてはムラサキサギゴケが知られていて、ムラサキサギゴケが地上に長く伸びる茎（走出枝）を持つのに対して、本種は持たないため、その点で区別することができます。神奈川県内の水田やその付近で普通に見られます。

## ●ナズナ　アブラナ科

**生育環境**：明るい畦や草地

**花期**：3～5月　越年草

根生葉を付け、ロゼット状に葉を広げて冬を越します。春先花茎を垂直に伸ばし、4枚の白い花弁を持った花を多数付けます。開花後、種子を含んだ果実の形は3角形になります。花茎を使った草花遊び（音遊び）の材料に使われます。本種は、水田以外の乾燥した畑や空き地にも生育し、神奈川県全域に分布しています。

## ●ネコノメソウ　ユキノシタ科

**生育環境**：湿り気のある草地

**花期**：3～5月　多年草

別名は、ミズネコノメソウとも呼ばれています。切れ込みのある丸い葉を同じところから2枚出します。花茎は高さ5から20㎝程度に生長し、黄色の花を多数付けます。近縁種にヤマネコノメソウが知られていますが、ヤマネコノメソウは葉が茎に対して交互に付くのに対して、本種は異なるため、その点で区別できます。

## ●ノミノフスマ　ナデシコ科

**生育環境**：湿り気のある耕作田や畦

**花期**：3～6月　越年草

小さなササの葉形の葉を同じ所に2枚付け、斜上しながら茎を伸ばしていきます。茎は赤紫色をしていて、花は切れ込みの白い花弁を5枚付けます。本種はハコベの仲間で、近縁種として

コハコベやミドリハコベ等が知られていますが、それらは葉に柄があるのに対して、本種は柄がないため、その点で区別できます。

## ●ハハコグサ　キク科

**生育環境**：日当たりの良い畦や草地

**花期**：3～6月　1年草から越年草

高さ5から20㎝程に生長し、全体に密な綿毛を有します。葉は、へら形で茎に対して交互に付けます。茎先には筒状花のみの頭花（集合花）を複数形成します。花の時期は基本的に春ですが、他の季節にもわずかな個体が開花していることがあります。本種は、山地を除く神奈川県全体に普通に分布しています。本種は田んぼ内に生育していますが、田んぼ周辺の環境でも見ることができます。

## ●フキ　キク科

**生育環境**：湿り気のある畦や草地

**花期**：3～5月　多年草

筒状花のみ頭花（集合花）を複数形成し、開花とともに花茎を10から50cm程に伸ばします。雄株と雌株に分かれます。葉は、腎形から円形をしていて、長い柄を持ちます。地下茎で広がります。全草に特有の香りや苦みを持ち、若い頭花や葉の柄の部分を食用にします。本種は、神奈川県全体に広く普通に分布しています。

## ●オオジシバリ　キク科

**生育環境**：やや湿り気のある畦や草地

**花期**：4～9月　多年草

茎は地を這い、不揃いの形をした丸みのある葉を付けます。花は、黄色の舌状花のみで構成された頭花(集合花)を形成し、頭花の大きさは直径2から3cm程になり目立ちます。本種は、山地を除く神奈川県全体に分布し、農耕地付近の定期的に草刈りが行われている明るい草地に普通に見られます。

## ●オヘビイチゴ　バラ科

**生育環境**：やや湿り気のある畦

**花期**：4～6月　多年草

根元から直接出る根生葉は、小葉を5枚持つ複葉となります。近縁のヘビイチゴやヤブヘビイチゴは、小葉3枚ですので、その点で区別することができます。茎は、這うような形で斜上し、その先端付近に黄色の5枚の花弁を持つ花を複数付けます。本種は、神奈川県全域の主に水田やその周辺等に分布しています。

## ●カキドオシ　シソ科

**生育環境**：湿り気のある畦や草地

**花期**：４～５月　多年草

切れ込みのある丸い葉を持ち、茎の同じところから２枚付けます。茎や葉には毛があり、花を付ける茎は立ち上がります。花は淡紫色をしていて、斑紋のある唇弁を持つのが特徴です。全体に強い香気を有していて、乾燥させたものを煎じて、お茶として楽しまれています。本種は、神奈川県全体に広く分布しています。

## ●キツネアザミ　キク科

**生育環境**：明るい畦や草地

**花期**：４～５月　越年草

高さ 50 cmから１m程に生長し、茎先

に筒状花のみの頭花（集合花）を複数付け、淡桃色をしています。かつては春の水田でたくさん見られたとのことですが、耕作方法の変化のためか、近年は個体数が少なくなっているとのことです。本種は、減少傾向ではありますが、神奈川県内全域の水田や畑付近に分布しています。

### コラム１：種類の同定にはどんな道具や図鑑が必要なの？

植物種の同定には、花の構造や葉の形、茎に対する葉の付き方、根茎・塊茎の有無（例：オモダカ）等、様々な確認すべきポイントがあります。さらに細かな部分としては、芒（のぎ）と呼ばれる長いとげの有無や小穂表面のとげの有無（例：ヒメクグ類）、種子の形（例：タカサブロウ類）等を確認する必要がある種も存在するため、観察には倍率 10 倍程度のルーペは必需品です。植物同定に使用する図鑑としては、そのような識別ポイントが分かりやすく示されている検索表付きの図鑑が便利です。神奈川県内で見られる全ての植物をまとめた「神奈川県植物誌 2018」はお薦めです。神奈川県植物誌調査会の HP（http://flora-kanagawa2.sakura.ne.jp/efloraofkanagawa.html）で PDF 版が無料で手に入れられます。

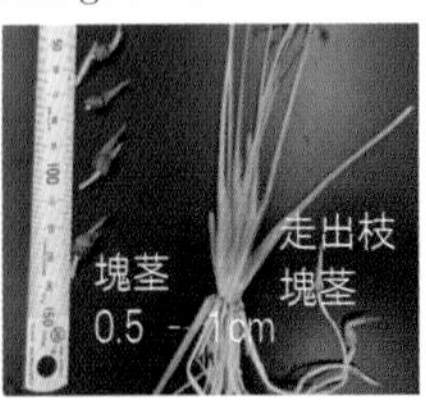


オモダカの根茎

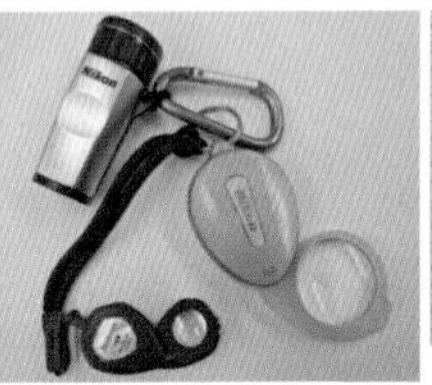

ルーペ類

ヒメクグ（左）と
アイダクグ（右）

見た目は似ている

植物の識別や同定に役立つ図鑑類

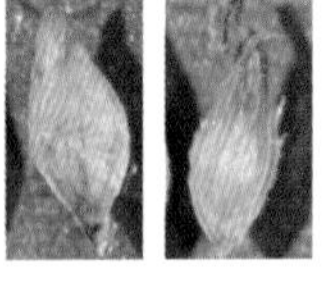

ヒメクグ（左）とアイダクグ（右）の小穂

タカサブロウ類

アメリカタカサブロウの種子

モトタカサブロウの種子

## ●ケキツネノボタン　キンポウゲ科

**生育環境**：湿り気の多い耕作田

**花期**：4～7月　多年草

高さ30から70㎝程の植物で、その名の通り全体に毛が多く、茎先に光沢のある黄色の5枚の花弁を持つ花を形成します。開花後の花は、金平糖に似た尖りのある果実を付けます。名古木には、全体毛が少ないキツネノボタンも生育していますが、本種の方が個体数は多いです。神奈川全域の水田付近に分布しています。

## ●シロツメクサ　マメ科

**生育環境**：日当たりの良い畦や草地

**花期**：4～7月　多年草

ヨーロッパ原産の外来植物で、江戸時代末期に日本へ導入されたと言われています。葉は、長い柄に小葉3枚を付けた3出複葉となります。茎は地面を這い、葉の付け根から花柄を出し、先端にマメ科特有の白色蝶形花冠を複数形成します。本種は、神奈川県内の山地から平野まで全体的に広く分布しています。

## ●スズメノテッポウ　イネ科

**生育環境**：湿り気のある耕作田や畦

**花期**：4～6月　1年草もしくは越年草

高さ20㎝程に生長し、1株から複数の葉や花茎を伸長させます。花茎の先端には小穂を密集させた円柱状の穂を形成します。近年、生態型から2変種に区別され、水田型のものをスズメノテッポウ（狭義）、畑地型のものをノハラスズメノテッポウと呼んで区別しています。山地を除く神奈川県全域に分布しています。

## ●タガラシ　キンポウゲ科

**生育環境**：湿り気のある耕作田

**花期**：4～5月　越年草

高さ20から50㎝程に生長し、光沢のある5枚の黄色の花を咲かせます。同じ場所を好むケキツネノボタンと似ていますが、ケキツネノボタンの果実が金平糖に似たとげを持つ果実に

対して、本種の果実にはとげがないため、その点で区別することができます。本種は、神奈川県内の水田やその付近の湿地で普通に見ることができます。

## ●ハルジオン　キク科

**生育環境**：日当たりの良い畦や草地

**花期**：４～６月　多年草

北アメリカ原産の外来植物です。高さは30㎝から１ｍ程になります。根生葉はロゼット状になり、暖かくなると中央から垂直に茎を伸ばします。花茎は多数分岐し先端付近に白から淡紅色の舌状花と筒状花を組み合わせた２から３㎝程の頭花（集合花）を複数付けます。神奈川県山地を除く神奈川県全体に広く分布しています。本種は田んぼ内に生息していますが、田んぼ周辺でもよく見かけます。

## ●イ　別名：イグサ　イグサ科

**生育環境**：湿り気の多い休耕田

**花期**：５～８月　多年草

高さ30㎝から１ｍ程の細長い葉を束状に複数出します。夏頃、葉の先端から少し低い位置に多数の小花を形成します。本種は大型の草本類であるため、耕作田では稲作作業時に抜き取られることが多く、主に休耕田に生育しています。本種は、神奈川県全域の主に水田とその周辺河川の水辺等に分布しています。

## ●イチョウウキゴケ　ウキゴケ科

**生育環境**：水深の深い耕作田

二叉状に分岐した葉を持ち、イチョウの葉に似ているため、この名が付けられました。本種は、水面を浮遊して生育しているコケ植物ですが、水が少なくなると耕作田の地表面に張り付いて生育します。本種は、胞子で増えると同時に、夏場には葉体を分裂させて無性生殖も行います。環境省の準絶滅危惧種に選定されています。

## ●イヌホタルイ　カヤツリグサ科

**生育環境**：湿り気の多い休耕田

**花期**：5～10月　1年草もしくは多年草

高さ30㎝から1ｍ程の細長い葉を束状に複数出し、花は先端から少し下がったところに複数付きます。花が集まった小穂はタケノコのような尖った形をしているので、形が似ているイとそこで区別をすることができます。耕作田では稲作作業時に抜き取られることが多く、主に休耕田に生育しています。

## ●ウキクサ類

### （ウキクサとコウキクサ）　サトイモ科

**生育環境**：水深の深い耕作田

耕作田の水面を漂う1年生の浮遊植物です。葉は円形から楕円形をしていて、大きさはコウキクサの方が小さいです。コウキクサの根は1本であるのに対して、ウキクサは葉体から複数本出るので、その点で区別することがで

きます。両者ともに、神奈川県全域の水田や水路等の水辺で普通に見ることができます。写真には、二又状に分岐した葉を持つイチョウウキゴケも存在しています。

## ●オオバコ　オオバコ科

**生育環境**：やや湿り気のある畦

**花期**：5～10月　多年草

丸みのある葉を根生し、ロゼット状になります。葉はしなやかで柔軟性があり、人の踏み付けにも強いため、畦等の環境で生育しています。花茎は20から30㎝程になります。近縁の種としては、トウオオバコが生育していますが、本種より大型になることや種子の形状が異なる点で、区別することができます。

## ●コウガイゼキショウ　イグサ科

**生育環境**：湿り気の多い休耕田　**花期**：5～7月　多年草

高さは10から30 cm程になり、扁平な細い葉となります。耕作田では定期的な踏み付けや除草が行われるため、本種はそれらの影響の少ない休耕田等に生育しています。花は小花を複数付けた頭花（集合花）が形成されますが、緑色をしているためあまり目立ちません。神奈川県内の山地以外の場所に広く分布しています。

## ●トウバナ　シソ科

**生育環境**：湿り気のある耕作田

**花期**：5～8月　多年草

高さ20 cm程に生長し、4 角形の茎を持ちます。丸みのある葉を同じ場所から2 枚出し、淡紅紫色の花を輪生に付けます。近縁種にイヌトウバナが知られていますが、イヌトウバナのがくには長毛が生えているのに対して、本種は短毛となるため、その点で区別できます。神奈川県内全域に普通に分布しています。

## ●ドクダミ　ドクダミ科

**生育環境**：湿り気のある畦や草地

**花期**：5～7月　多年草

高さ10から30 cm程に生長し、ハート形の丸みのある葉を付けます。全体に強い臭気を持ち、薬用のお茶として利用されています。全体的に無毛で、夏に4 枚の白いがくを目立たせた花を付けます。本種は、丹沢や箱根などの標高の高い所には分布していませんが、標高の低い湿り気のある所ではごく普通に見ることができます。

## ●ミズニラ　ミズニラ科

**生育環境**：湿り気の多い耕作田

夏緑性の多年草で、湿り気の多い環

境を好むシダ植物です。長さ5から20㎝程の松葉のような細い葉を束状に展葉させます。葉の付け根部分に膨らみがあり、その中に2つの大きさの異なる胞子（大胞子と小胞子）を別々に形成します。本種は、個体数が少なく、環境省の準絶滅危惧種に選定されています。

**コラム2：植物種数が多く見られた場所はどこ？**

水田には、水分条件や地形等の様々な環境（微環境）が存在しています。調査では、それらを下図のように6つの草地タイプ（本田・畦畔・斜面・乾斜面・渓流・林縁）に分けてタイプごとに植物を記録しました。

その結果、一番多く植物種が確認された場所は畦畔草地であり、100種という結果となりました。畦畔は、一年草と多年草が同程度の割合となり、残念ながら外来植物の割合も高い場所です。

畦畔という環境は、棚田内の人が行き来する通路という環境ですが、その人による踏み付けなどの攪乱と基本的に土壌は乾いていますが、湿った本田内と接していて、一方でより乾燥した斜面草地にも接しているため、水分条件や人の攪乱等の環境の幅（環境傾度）が最も大きい所でもあります。そのようなことが、生育種数の多い結果につながったものと推測されます。

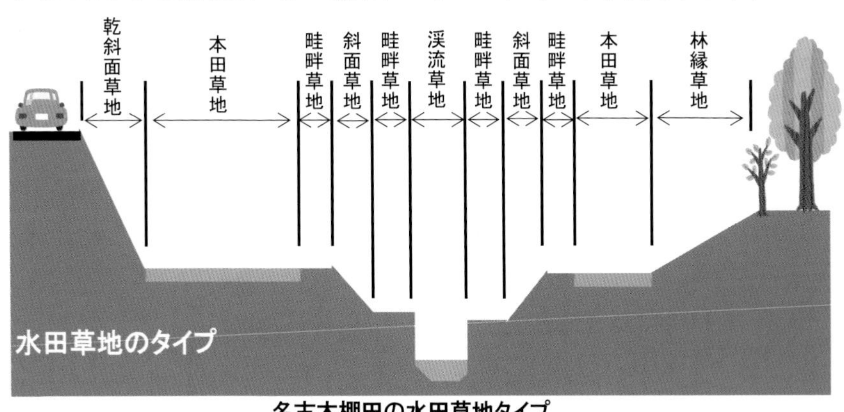


名古木棚田の水田草地タイプ

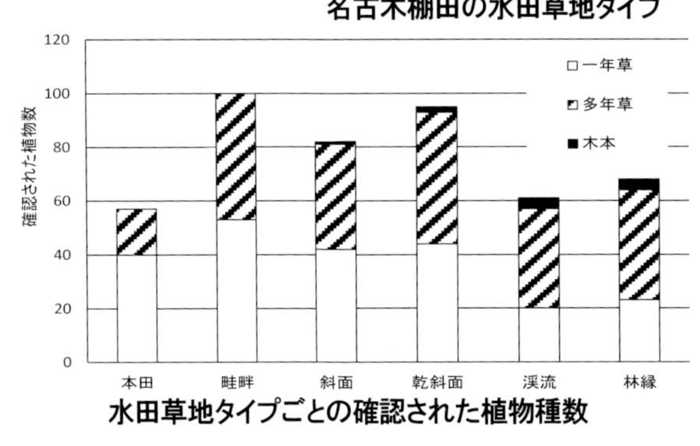


水田草地タイプごとの確認された植物種数

## ●アゼナ　アゼナ科

**生育環境**：湿り気の多い耕作田

**花期**：６～９月　１年草

植物体は無毛で、縁に切れ込みがない全縁の葉を同じ場所から２枚出します。花は長い柄を持ち、白色から薄桃色をしています。近縁種は、アメリカアゼナやタケトアゼナ等が知られていて、両者は葉縁に浅い切れ込みがあるのに対して本種はないため、そこで区別できます。本種は、神奈川県全域の水田に分布しています。

## ●イトトリゲモ　トチカガミ科

**生育環境**：水深の深い耕作田

**花期**：６～９月　１年草

流れのない水中で生育する沈水植物です。細い葉には微かに切れ込みがあり、茎に対して５枚程度の葉が付きます。種子は、葉の付け根に２個付くことが多いです。種子の表面の模様は、縦長であることが特徴です。耕作田の生育条件がよいと一面に草体を繁茂させます。本種は、環境省の準絶滅危惧種に選定されています。

## ●イヌゴマ　シソ科

**生育環境**：日当たりが良く湿り気の多い草地

**花期**：６～９月　多年草

浅い切れ込みのある葉を同じ場所から２枚出し、茎は四角形で下向きのとげを有しています。花は、淡桃色から淡紅色をしており、唇状の下向きの花弁が特徴です。本種は、地下茎を有していて、それらが横に伸びることで分布を広げます。本種は、神奈川県全域の主に水田や湿り気の多い草地等に分布しています。

## ●イヌビエ　イネ科

**生育環境**：湿り気の多い耕作田や休耕田

**花期**：６～10月　１年草

葉は細長く、高さ１ｍ程になります。花はイネに似た穂状になりますが、小穂は赤みを帯び、先端部分に芒（のぎ）と呼ばれる長い毛を持つのが特徴です。穂が出るまではイネとそっくりで

すので、イネに擬態して耕作田で生き延びているように思えます。本種は、神奈川県全域の主に水田やその周辺等に分布しています。

## ●コケオトギリ　オトギリソウ科

**生育環境**：湿り気の多い休耕田

**花期**：6～7月　1年草

高さ10から30㎝程になり、茂みの中から軟弱な茎を垂直に伸ばして生長します。葉は丸みがあり、その付けに黄色の花弁を持つ花を付けます。耕作田では定期的な踏み付けや除草が行われるため、本種はそれらの影響の少ない休耕田等に生育しています。本種は、神奈川県内の水田や湿地草原等に広く分布しています。

## ●チゴザサ　イネ科

**生育環境**：湿り気のある休耕田や畦

**花期**：6～8月　多年草

ササの葉に似た葉形をしていて、高さは20から50㎝程に生長します。花茎には、紅紫色の雌しべが目立つ小花を多数付けます。人の踏み荒らしなどに弱いため、その影響があまりない休耕田や田と畦の隙間等の湿り気の多い場所に生育しています。本種は、神奈川県内の山地を除く全域に普通に分布しています。

## ●ヒメクグ　カヤツリグサ科

**生育環境**：やや湿り気のある畦や草地

**花期**：6～10月　多年草

高さは5から20㎝程に生長し、全体は無毛です。地下に根茎があり、それを伸ばしながら広がります。花は、茎先に小花を複数付け、頭状花となります。近縁種としてはアイダククが存在し、アイダククの小穂縁には僅かなとげがあるのに対して、本種はとげがないため、その点で区別がつきますが、肉眼での識別は難しいです。

## ●ヒメジョオン　キク科

**生育環境**：日当たりの良い畦や草地

**花期**：６～10月　１年草から越年草

ハルジオン同様に北アメリカ原産の外来植物です。植物体の大きさや花の形など、ハルジオンと似ています。異なる点としては、開花期が少しずれることやハルジオンの茎の中が中空に対して、本種は詰まった状態であること等が挙げられます。神奈川県内の田畑周辺や都市部の地域まで広く普通に分布しています。

## ●ミゾホオズキ　ハエドクソウ科

**生育環境**：湿り気の多い畦や草地

**花期**：６～８月　多年草

高さは20㎝程になり、丸みのある葉を同じ所から２枚出します。その葉の付け根に長い花柄を持つ筒状の黄色の花を咲かせます。水の流れには弱いように思われますが、斜面の通年水

がしみ出しているような水湿地で見かけます。本種は、神奈川県内の丹沢山地や箱根山地の麓付近の丘陵地等を中心部分布しています。

## ●ヤブカンゾウ　ワスレグサ科

**生育環境**：やや湿り気のある畦や草地

**花期**：６～７月　多年草

全体無毛で、葉の幅は３から５㎝程になります。花は、40から80㎝の花茎を伸ばし、橙赤色のやや縮れた花弁を複数（６枚以上の八重咲）有します。染色体の倍数性が３倍体のため、種子は形成されず、根茎で増殖します。近縁種は、ノカンゾウが知られていますが、水田ではヤブカンゾウの方が多く見られます。神奈川県内の山地を除く広い地域に分布しています。

## オモダカ　オモダカ科

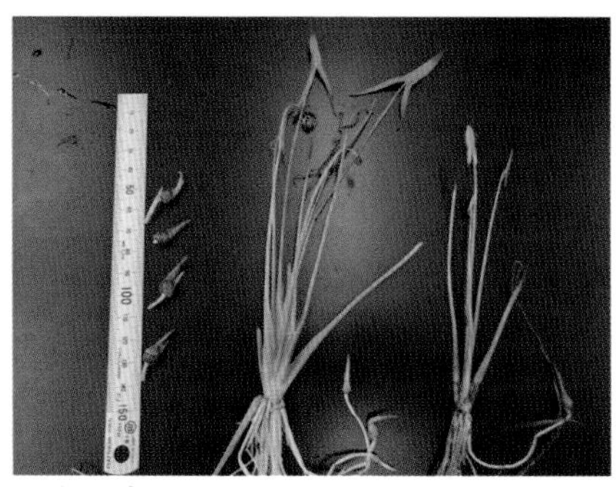

**生育環境**：湿り気の多い耕作田

**花期**：7～10月　多年草

葉は、三角状の矢じり形をしているのが特徴です。夏から秋にかけて白い大きな花を付け有性生殖を行いますが、地下部の匐枝（走出枝）の先に角のような芽を持つ塊茎を作り、無性繁殖も行っています。本種の塊茎は5㎜から1㎝程度ですが、近縁のクワイの塊茎は3から4㎝程になり、大きさが異なります。

## カントウヨメナ　キク科

**生育環境**：やや湿り気のある畦や耕作田

### コラム3：絶滅危惧植物の現状はどうだったの？

棚田の植物調査の結果、神奈川県のレッドリストに掲載されている準絶滅もしくは絶滅危惧種が4種確認されました。準絶滅危惧種としては、コケ植物のイチョウウキゴケと被子植物のイトトリゲモです。イトトリゲモは、種子の表面が縦長になることが特徴です。また、絶滅危惧種としては、シダ植物のミズニラと被子植物のミズオオバコになります。ミズニラは、大胞子（雌性）と小胞子（雄性）の2つの大きさや形の異なる胞子を形成します。

それら4種の棚田（耕作田20カ所と休耕10カ所の合計30カ所）での出現率を確認したところ、特にミズニラとミズオオバコが一部の限られた水田でしか生育していなく、さらに個体数も極めて少ないことが明らかになりました。これら2種の優先的な保全対策が望まれます。

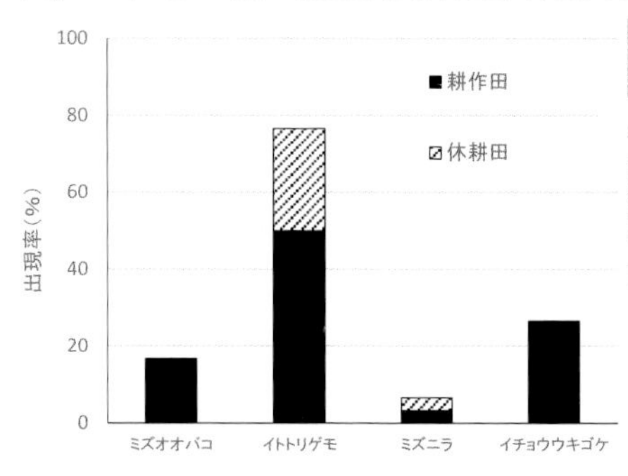


**棚田における準絶滅及び絶滅危惧種の出現率**

小胞子

大胞子

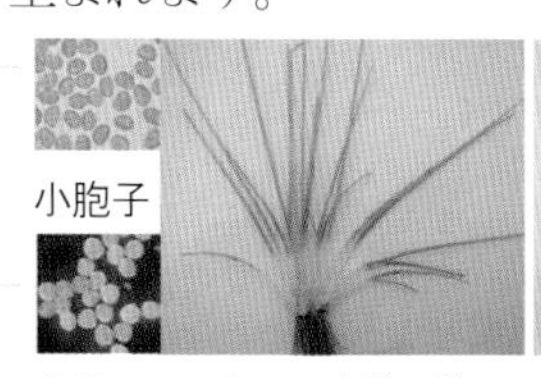

ミズニラの全体の様子

ミズオオバコの全体の様子

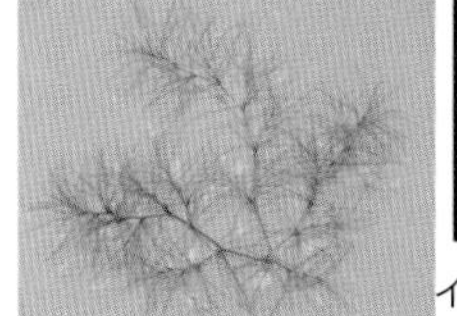

種子表面は縦長

イトトリゲモの全体の様子

**花期**：7 ～ 11 月　多年草

高さ 10 から 30 ㎝程の大きさで、茎先に白色または淡青色の舌状花と筒状花を有する頭花（集合花）を形成します。似た植物として、ノコンギクが生育していますが、ノコンギクの種子には綿毛（冠毛）があるのに対して、本種はそれがほとんどないため、その有無で区別できます。神奈川県全域の水田付近に分布しています。

## ●クワイ　オモダカ科

**生育環境**：湿り気の多い耕作田

**花期**：7 ～ 9 月　多年草

中国原産の栽培種であり、矢じり形の葉の形状や花の様子等はオモダカに非常に似ています。大きく異なる点は、匐枝の先端に形成される塊茎が本種は 2 から 3 ㎝程あるのに対して、オモダカはより小さいことです。あまり見かけることがありませんが、栽培品が放置されたものが稀に水田付近で確認されるため、注意が必要です。

## ●コバノカモメヅル　キョウチクトウ科

**生育環境**：湿り気のある休耕田や草地

**花期**：7 ～ 9 月　多年草

つる性の植物で、長楕円形の葉を付

けます。同じ場所に生育するヨシやガマ、クサヨシ等の高茎草本植物に絡みついて生育しています。花は暗紫色で、大きさは 1 ㎝程になります。花弁先端はねじれていて、星形となります。本種は、神奈川県内の水田や湿地等で比較的普通に見られます。

## ●セリ　セリ科

**生育環境**：湿り気のある水田や小川付近

**花期**：7 ～ 8 月　　多年草

全体無毛の多年草で、高さが 10 から 60 ㎝程になり、日当たりの良い場所ではより低く、日当たりの悪い場所ではより高くなります。本種は独自の香りを持ち、食用になります。茎の先端に白色の小花を散在させた集合花を形成します。本種は、山地を除く神奈川県内全体にごく普通に分布しています。

## ●ヒデリコ　カヤツリグサ科

**生育環境**：湿り気のある休耕田や畦

**花期**：7～10月　1年草

高さ10から30 cm程に生長し、全体は無毛です。花茎には丸みのある小穂を多数付けます。近縁種の似た種としてはヒメヒラテンツキが存在しますが、ヒメヒラテンツキの小穂は扁平で先が尖っていますが、本種は丸みがあるため、その点で区別がつきます。神奈川県内の水田やその周辺の湿った場所に普通に分布しています。

## ●マツバイ　カヤツリグサ科

**生育環境**：湿り気のある耕作田

**花期**：7～9月　1年草

高さ5 cm程の小さな植物で、全体は無毛です。地下茎を伸ばし、広がっていきます。花は、花茎先端に小穂を1つ形成します。近縁で形状の似た種としては、ハリイやオオハリイが存在しますが、それらは高さ10から20 cm程に生長しますが、本種はそれよりも小型ですので、その点で区別することができます。

## ●ミズオオバコ　トチカガミ科

**生育環境**：水深の深い耕作田

**花期**：7～10月　1年草

常に水中で生活する沈水植物です。葉は丸みがあり、陸上で生育するオオバコの葉に似ているためこの名がつきました。花は夏から秋にかけて形成され、受粉を行うため、花は水面付近で開花します。花弁は3枚で、白色から淡紅色をしています。近年、全国的に個体数が減少し、環境省の絶滅危惧種に選定されています。

## ●ミソハギ　ミソハギ科

**生育環境**：湿り気のある草地

**花期**：7 ～ 9 月　多年草

高さ 50 cmから 1 m程に生長し、ササの葉に似た葉を同じ所から 2 枚出します。花は、葉の付け根に数輪形成し、赤紫色をしています。夏のお盆の時期に開花するため、盆花として利用されていて、人為的な植栽も多いです。近縁種はエゾミソハギがありますが、茎頂に花が集まって付くため、その点で本種と区別できます。

## ●コナギ　ミズアオイ科

**生育環境**：湿り気の多い耕作田

**花期**：8 ～ 10 月　1 年草

高さ 10 cm程の小さな植物ですが、耕作田で一番繁茂している植物です。休耕田では他の植物との競争に負けるのか、あまり見かけません。葉は、ハート形をしていて、全体無毛です。花は紫色で、長い葉の柄の付け根に 5 輪程度付けます。神奈川県も含めて、北海道から沖縄までの耕作水田に広く分布しています。

## ●シロバナサクラタデ　タデ科

**生育環境**：湿り気のある休耕田や草地

**花期**：8 ～ 10 月　多年草

高さは 40 cmから 1 m程で、ササの葉に似たやや細長い葉を茎に対して交互に付け、茎の先端には白色の花を多数付けます。近縁種にサクラタデが知られていて花は淡紅色です。それに対して、本種は白色ですので、区別が付きます。本種は、神奈川県内の丘陵地から平野の沖積地に分布しています。

## ●チョウジタデ　アカバナ科

**生育環境**：湿り気のある耕作田

**花期**：8 ～ 10 月　1 年草

高さ 20 から 50 cm程に生長し、秋頃に葉の付け根から子房を長く伸ばした黄色の花を複数出します。近縁種にウスゲチョウジタデが知られていますが、黄色の花弁が 5 枚であるのに対して、本種は基本 4 枚であるため、区別がつきます。神奈川県内の水田やその付近の湿地で普通に見られます。

## ●ハシカグサ アカネ科

**生育環境**：やや湿り気のある草地や林縁

**花期**：8～9月 1年草

丸みのある葉を同じ所から2枚出し、茎は枝分かれしながら地を這うように広がります。花は、白い花弁を4枚持ち、葉の付け根に数個付けます。果実の表面には毛を有し、がくを残したまま丸みのある形に膨らみます。本種は、山地から平野までの神奈川県全体に広く分布します。

## ●アメリカタカサブロウ キク科

**生育環境**：日当たりの良い湿った畦や草地

**花期**：7～11月 1年草

熱帯アメリカ原産の外来植物です。葉縁には浅い切れ込みがあり、表面はざらつきます。花は、白色花弁を持つ舌状花と筒状花を併せ持つ頭花（集合花）を形成します。近縁種は、日本在来のモトタカサブロウが存在し、種子の形状で両者を区別することができます。本種は、神奈川県全域の主に水田とその周辺に分布しています。

## ●タイヌビエ イネ科

**生育環境**：湿り気の多い耕作田や休耕田

**花期**：8～10月 1年草

イヌビエ同様に、耕作田でイネに擬態して生育しているように思えます。イヌビエの小穂は芒（のぎ）があることが多く、大きさが2㎜程度ですが、本種は小穂にあまり芒はなく、大きさが3㎜程あるので、その点で区別がつきます。名古木棚田には、同じヒエ属の仲間としてヒメイヌビエも生育しています。

## ●タウコギ キク科

**生育環境**：湿り気のある耕作田

**花期**：８～11月　１年草

抜き取りや草刈りの影響で丈の低い個体が良く見られますが、それらの影響がなければ１m程に生長します。茎はよく枝分かれし、秋になると茎先に筒状花のみの頭花（集合花）を形成します。種子には戻しが付いたとげが２本あり、動物の毛などに付着して種子が散布されます。神奈川県内の分布はそれほど多くはありません。

## ●タマガヤツリ　カヤツリグサ科

**生育環境**：湿り気のある耕作田

**花期**：８～10月　１年草

高さ10から40㎝程に生長し、秋頃に小穂が密生して球形に見えるため、玉という名が付けられました。茎の断面は３角形をしていて、花の近くに苞葉を２から３本出します。花の柄は短く、玉状の花序が付け根付近に複数形成されます。本種は、神奈川県内の耕作が行われている水田やその付近の湿地に分布しています。

## ●モトタカサブロウ　キク科

**生育環境**：湿り気のある耕作田や畦

**花期**：８～11月　１年草

高さ10から60㎝程に生長し、ざらつきのある細い葉を同じ所から２枚出します。葉の付け根から花柄を伸ばし

白い舌状花と筒状花を合わせた頭花（集合花）を数輪付けます。近縁種としては、アメリカタカサブロウが存在し、種子の形状で区別できます。本種の種子の縁には翼があります。神奈川県内の分布は少ないようです。

## ●イボクサ　ツユクサ科

**生育環境**：湿り気の多い耕作田

**花期**：９～11月　１年草

別名としてイボトリクサとも呼ばれています。本種は、茎の下部が分岐するため、耕作田の土の表面を這うように生長し、大きくなると斜上し立ち上がります。全体は無毛でツユクサに似ていますが、ツユクサの花が青色に対して、本種は淡紅色の花になります。神奈川県全域の主に水田に分布しています。

## ●キカシグサ　ミソハギ科

**生育環境**：湿り気の多い耕作田

**花期**：9～10月　1年草

楕円形の葉を同じ所から2枚出し、本田内を枝分かれしながら、横に這うように生育しています。秋になると、葉の付け根ごとに花が形成され、花弁は紅紫色をしているため小さくても目立ちます。本種は、山地を除く神奈川県全域の水田や湿地に分布しています。近年は、やや個体数が減少しているとのことです。

## ●ヨシ　イネ科

**生育環境**：湿り気のある休耕田や草地

**花期**：9～10月　多年草

別名として、アシとも呼ばれています。高さ2m程になる大型のイネ科植物で、人為的な影響のない湿った場所で繁茂します。葉は、ササの葉形に似ていて、茎に対して1枚ずつ付けます。秋になると茎先に大きな穂を形成し、多数の小花を密集させます。本種は、神奈川県内の山地を除く全域に普通に分布しています。

### コラム4：土の中にはどんな植物が眠っていたの？

棚田の土壌中には、植物の種子や胞子が存在し、それらの一部は長期的な形で眠り（休眠）続けています。それらの種の存在や個体数を調べるために、稲作が行われていない休耕田の土壌をポットに撒き出し、発芽や生育を促してみました。その結果、11種の植物が確認され、なんと絶滅危惧種に選定されているシダ植物のミズニラが高頻度で確認され、出現した個体数は200個体を超える結果となりました。現存するミズニラは数が少ない状態ですが、地下深くの土壌中には胞子がたくさん存在していることが明らかになりました。

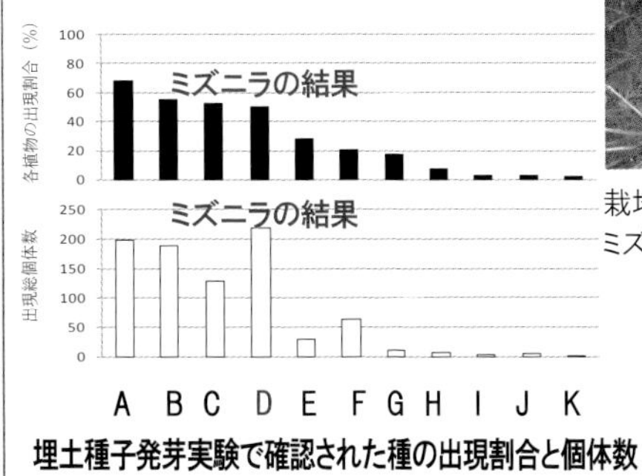

埋土種子発芽実験で確認された種の出現割合と個体数

栽培容器内で生育が確認されたミズニラ個体

栽培実験の様子

A：オモダカ、　B：アゼナ、　C：イヌホタルイ
D：ミズニラ、　E：タマガヤツリ、　F：コガマ
G：コナギ、　H：キカシグサ
I：アメリカセンダングサ，　J：コウガイゼキショウ
K：チョウジタデ

# 田んぼ周辺の植物

## ●オオイヌノフグリ　オオバコ科

**生育環境**：日当たりの良い草地

**花期**：2～5月　越年草

ヨーロッパ原産の外来植物です。少し切れ込みのある丸い葉を付け、茎は分岐して横に広がります。葉の付け根から、淡青色の花弁を4枚有する花を出します。在来植物としてイヌノフグリという名の植物が存在しますが、本種はふつうに見られるのに対して、在来種は個体数が減少し、環境省の絶滅危惧種に選定されています。

## ●ホトケノザ　シソ科

**生育環境**：日当たりの良い草地や道端

**花期**：2～5月　越年草

高さ10から30㎝程に生長し、茎は4稜（4角）になっています。切れ目のある丸い葉をしていて、同じ所から2枚出します。花は赤紫色をしていて、ヒメオドリコソウに似た唇弁が発達した花を形成します。ヒメオドリコソウとの違いは、本種が花が大きいことや茎上部の葉には葉柄がないことなどで区別できます。

## ●ヤハズエンドウ　マメ科

**生育環境**：日当たりの良い草地や道端

**花期**：3～4月　1年草もしくは越年草

別名はカラスノエンドウと呼ばれています。高さ20から60㎝に生長し、先端に巻きひげを持つ羽状複葉を茎に対して1枚ずつ付けます。花は葉の付け根に1つないし2つ付け、桃色から紫色の蝶形花を形成します。開花後は、果実は鞘状となり、熟すと鞘は黒くなります。神奈川県内の山地を除く全域に普通に分布しています。

## ●キュウリグサ　ムラサキ科

**生育環境**：日当たりの良い草地や道端

**花期**：3～5月　越年草

高さ10から30㎝程に生長し、スプ

ーン形をした柄の長い葉を持ちます。春先、花茎を長く伸長させ、水色の5枚花弁の小さな花を咲かせます。葉をもむとキュウリのような匂いがするのでこの名が付けられました。田んぼ内でもよく見られます。本種は、神奈川県内の山地を除く全域に普通に分布しています。

### ●クサイチゴ　バラ科

**生育環境**：日当たりの良い草地や林縁

**花期**：3～4月　夏緑性小低木

高さ10から50 cm程に生育し、羽状複葉の葉を茎に対して1枚ずつ付けます。全体に鋭いとげと毛を持ち、花は白色花弁を5枚有し、開花後にはラズベリーに似た赤い果実を付け、果実は食用になります。本種は、日本の代表的なキイチゴ類で神奈川県内の山地を除く全域に普通に分布しています。

### ●スズメノエンドウ　マメ科

**生育環境**：日当たりの良い草地

**花期**：3～5月　1年草もしくは越年草

高さ20から50 cmに生長し、先端に巻ひげを有する羽状複葉を形成します。葉の付け根から長い花柄を伸ばし、その先に淡紫色のマメ科特有の蝶形花を3つから6つ程付けます。開花後、果実は鞘状になり、中に2個の種子を形成します。本種は、神奈川県内の山地を除く全域で普通に分布しています。

### ●セイヨウアブラナ　アブラナ科

**生育環境**：日当たりの良い草地や畦

**花期**：3～4月　越年草

ヨーロッパ原産の外来植物で、菜種油用に栽培されていたものが野生化しています。茎先に4枚の黄色い花弁をした花を多数付けます。開花後、果実は鞘状となり、丸い小さな種子が形成されます。近縁としてカラシナが挙げられますが、両者は葉の付け根の形状に差（本種の付け根は茎を抱くように膨らむ）があります。

## ●セイヨウタンポポ　キク科

**生育環境**：日当たりの良い草地や畦

**花期**：３～７月　多年草

ヨーロッパ原産の外来植物です。根生葉はロゼット状で、暖かくなると長い花茎を持った花を複数付けます。花は黄色い舌状花のみの頭花（集合花）となり、その外側のがく（総苞片）は湾曲するところが特徴です。その点で、在来種のカントウタンポポと見分けることができます。神奈川県内全域に普通に分布しています。

## ●タチツボスミレ　スミレ科

**生育環境**：日当たりの良い草地や林縁

**花期**：３～５月　多年草

高さ10 cm程に生長し、柄の長い少し切れ目のあるハート形の葉を付けます。花の色は淡紫色をしていて、花の後ろに距（きょ）と呼ばれる筒状の長い部分を有するのがこの仲間の特徴

です。都市部などには、花が濃紫色のスミレ類が良く見られますが、山地から丘陵地、台地までの環境では本種が優占しています。

## ●ヤマブキ　バラ科

**生育環境**：林内や林縁

**花期**：３～５月　低木

高さ50 cmから１m程に生長し、先のとがった切れ目のある丸い葉を茎に対して交互に出します。花は鮮やかな山吹色の５枚の花弁を持ちます。近縁種としては、花弁の幅が狭いキクザキヤマブキや花弁が多数付いた八重咲のヤエヤマブキも知られています。花が美しいため、人による植栽も多い植物です。

## ●ヨゴレネコノメ　ユキノシタ科

**生育環境**：湿り気の多い小川付近の土手や林縁

**花期**：3～4月　多年草

高さ10㎝程に生長し、少し切れ込みのある丸い葉を付けます。葉は同じ所から2枚出しますが、丈が大きくないため同じ所からまとまって出ているように見え、赤みを帯びていることが多いです。花の中の葯が暗赤色になるところが特徴です。近縁種のイワボタンの花の葯は黄色になるため、その点で区別します。

## ●オドリコソウ　シソ科

**生育環境**：日当たりの良い草地

**花期**：4～5月　多年草

高さ30から50㎝程に生長し、切れ込みのある心形の葉を同じ場所から2枚出します。茎の形は4角形をしており、葉の付け根から白色から淡紅色の花を出します。花の形が花笠を被った浴衣姿の踊り子に似ていることからこの名が付きました。本種は、神奈川県内の丹沢山麓や丘陵地等に分布しています。

## ●オランダガラシ　アブラナ科

**生育環境**：日当たりの良い水辺

**花期**：4～6月　多年草

別名クレソンと呼ばれている外来植物であり、食用目的で栽培されていたものが野生化しています。葉は羽状複葉となり、暖かくなると花茎は20から40㎝程度に伸びます。4枚の白色の花弁を持つ花を密に付け、開花後はこん棒状の鞘を形成します。本種は、神奈川県内において山地を除く全域の水辺に広く分布しています。

## ●オランダミミナグサ　ナデシコ科

**生育環境**：日当たりの良い草地や道端

**花期**：4～5月　越年草

ヨーロッパ原産の外来植物です。全体に毛が多く、その毛を触ると少しべたべたします。高さは 10 から 40 ㎝程に生長し、丸みのある葉を同じ場所から 2 枚出します。花弁の色は白色です。近縁種としては、日本在来のミミナグサが知られていて、ミミナグサの茎は暗紫色に対して、本種は黄緑色のため、その点で区別できます。

### ●カタバミ類　カタバミ科

**生育環境**：日当たりの良い草地や道端

**花期**：4 ～ 10 月　1 年草

カタバミ類には、カタバミ、ケカタバミ、アカカタバミ、オッタチカタバミ、エゾタチカタバミ等識別しにくいものも多数含まれているため、仲間の意味でカタバミ類としました。この仲間は、ハート形の小葉を 3 枚付ける 3 出複葉となり、黄色の 5 枚花弁を有することが特徴です。身近なところでよく見られる植物です。

### ●カントウタンポポ　キク科

**生育環境**：日当たりの良い草地や道端

**花期**：4 ～ 5 月　多年草

葉はロゼット状の根生葉となります。花は、黄色の舌状花のみで構成さ

れた頭花（集合花）を形成し、開花後は長い柄のある冠毛で種子を散布させます。近縁の種としては、ヨーロッパ原産のセイヨウタンポポが存在し、頭花外側のがくの反り返りの有無で両者を識別します。神奈川県内の山地を除く全域に分布しています。

### ●キショウブ　アヤメ科

**生育環境**：小川や水路等の水辺

**花期**：4 ～ 5 月　多年草

ヨーロッパ原産の外来植物で、観賞目的に栽培されていたものが野生化しています。高さ 50 ㎝から 1 m程に生長し、葉は無毛で扁平細長の剣状になっています。花は、茎先に数個付き、黄色の花弁が特徴的です。開花後は種子を形成すると同時に、根茎も発達させ繁茂します。神奈川県内の山地を除く全域に分布しています。

## ●キランソウ　シソ科

**生育環境**：日当たりの良い草地や道端

**花期**：4～5月　多年草

別名ジゴクノカマノフタとも呼ばれています。茎は立ち上がることなく、地を這うように広がります。全体には毛があり、春に青紫色の花を付けます。本種は、神奈川県内の山地を除く全域に広く分布していますが、地を這う形状や群生して生える種ではないため、見つけようと思ってもなかなか探し出すのは難しいです。

## ●クサボケ　バラ科

**生育環境**：日当たりの良い草地や林縁

**花期**：4～5月　落葉低木

別名シドミとも呼ばれています。本来は高さ1m程に生長しますが、水田付近では草刈りの影響で刈り込まれた20cm以下のものが多いです。葉は丸みがあり、茎にはとげを有します。花は朱赤色の5枚の花弁を持ち、春先には非常に目立ちます。開花後に、大きさ4cm程のゆがんだ果実を形成しますが、酸味が強いため生食できません。

## ●スイバ　タデ科

**生育環境**：日当たりの良い草地や畦

**花期**：4～6月　多年草

高さ40から80cm程に生長し、長楕円形の長い柄を持った根生葉を多数出します。花茎は垂直に伸び、雄花と雌花を別々の個体に付ける雌雄異株となります。近縁の種としては、ギシギシやアレチギシギシ等が存在しますが、それらは雌雄が同じ個体に存在する雌雄同株となり、区別できます。

## ●スズメノヤリ　イグサ科

**生育環境**：日当たりの良い草地

**花期**：４～５月　多年草

高さ10から20㎝程に生長し、細い根生葉の縁に葉は白毛が多数生えています。花茎は長く伸び、その先端に小花を密集させた頭花（集合花）を形成します。開花後は果実を形成しますが、その大きさは２㎜程度で、とても小さいです。北海道から沖縄まで日本各地に広く分布し、神奈川県内では全域に普通に分布しています。

## ●タチイヌノフグリ　オオバコ科

**生育環境**：日当たりの良い草地や畦

**花期**：４～５月　１年草

ヨーロッパ原産の外来植物です。高さ10から30㎝に生長し、茎は垂直に立ち上がります。切れ込みのある丸い葉を同じ所に２枚付けます。近縁の種にオオイヌノフグリが存在しますが、オオイヌノフグリは花柄が長いのに対して、本種は花柄を伸ばさないため、その点で識別できます。神奈川県内全域に普通に分布しています。

## ●チガヤ（広義）イネ科

**生育環境**：日当たりの良い乾燥した草地

**花期**：４～６月　多年草

高さ50㎝から１ｍ程に生育し、春から初夏にかけて綿毛を多く有する穂を出します。長い葉の節の毛の有無でフシゲチガヤとケナシチガヤに分けられます。ケナシチガヤの方は開花が少し早く、４から５月です。また、フシゲチガヤの方がより乾燥した環境で優占することが知られています。

## ●ノアザミ　キク科

**生育環境**：日当たりの良い草地や林縁

**花期**：４～７月　多年草

高さ50㎝から１ｍ程に生長し、鋭いとげと深い切れ込みのある葉を持ちます。茎は垂直に伸び、先端枝分かれをして、その先に淡紅紫色の筒状花のみの頭花（集合花）を形成します。頭花の外側にあるがく（総苞片）は触るとべたべたします。本種は、神奈川県内全域にやや普通に分布しています。

## ●ヒメオドリコソウ シソ科

**生育環境**：日当たりの良い草地や道端

**花期**：4～5月 越年草

ヨーロッパ原産の外来植物で、高さ20㎝程に生育します。茎は4稜(4角)で、少し切れ込みのある丸い葉を同じ所から2枚出します。葉は、赤紫色をしている場合が多いです。花は葉の付け根に付き、オドリコソウに似た唇弁を突き出す構造になっています。神奈川県内の山地を除く全域に普通に分布しています。

## ●ムラサキケマン ケシ科

**生育環境**：日当たりの良い草地や道端

**花期**：4～5月 越年草

高さ30から50㎝程に生長し、全体無毛となります。葉は小葉が複数切れ込んだ複葉となります。先端に紅紫色の細長い花を多数付け、果実は成熟すると接触刺激で種子をはじき出し、自発散布を行います。近縁種として花が黄色のミヤマキケマンが知られています。本種は、神奈川県内に広く普通に分布しています。

## ●ヘビイチゴ バラ科

**生育環境**：やや湿り気のある草地や道端

**花期**：4～5月 多年草

地上を這うように伸び広がり、少し切れ込みのある丸い小葉を3枚合わせた3出複葉を持ちます。花は黄色の花弁を5枚有し、開花後は表面に種子を付けた果実を形成します。種子の表面は、小突起が多数存在します。近縁のヤブヘビイチゴの種子には、表面に突起がないため、その点で区別できます。

## ●イヌムギ イネ科

**生育環境**：日当たりの良い草地

**花期**：5 ～ 6 月　越年草もしくは短命な多年草

南アメリカ原産の外来植物で、牧草利用として世界各地に広がっています。高さ 50 cmから 1 m程に生長し、花茎を長く伸ばします。小穂は扁平で、複数穂状に付けます。近縁種としては、ヤクナガイヌムギが知られていて、本種より小穂先端に突き出たとげのようなもの（芒：のぎ）が長いのが特徴です。

## ●カモジグサ　イネ科

**生育環境**：日当たりの良い草地や道端

**花期**：5 ～ 6 月　多年草

高さ 30 から 60 cm程に生長し、茎先にコムギに似た穂を付けますが、小穂どうしが少し離れているため穂は湾曲します。本種の仲間には似たものが多く、カモジグサのほかに穂が折れ曲がらないミズタカモジグサ、花の構造が本種と少し異なるアオカモジグサやタチカモジ等存在し、識別には注意が必要です。

## ●クサヨシ　イネ科

**生育環境**：湿り気の多い小川や休耕田

**花期**：5 ～ 6 月　多年草

茎が細いわりに草丈を伸ばす性質があり、高さ 1 から 1.5 m程に生長します。茎の先端に穂を一つ形成し、小穂が密に集まった円錐状となります。名前が似た種にヨシやツルヨシが知られていますが、それらの開花は秋であり、茎の大きさも異なるため容易に区別できます。神奈川県内の山地を除く全域に普通に分布しています。

## ●コウゾリナ　キク科

**生育環境**：日当たりの良い草地

**花期**：5 ～ 7 月　越年草

高さ 40 から 80 cm程に生長し、全体に赤褐色をした毛を多く有します。茎を垂直に伸ばし、上部で枝分かれをした先端付近に黄色の舌状花のみで構成された頭花（集合花）を複数付けます。開花後は、冠毛の付いた種子を形成し、風でそれらを散布させます。本種は、神奈川県内全域に普通に分布しています。

## ●コマツヨイグサ　アカバナ科

**生育環境**：日当たりの良い草地や道端

**花期**：5～8月　1年草

北アメリカ原産の外来植物です。茎は地を這うように生長し、花茎は斜上します。葉は切れ込みのあるやや細長い形をしていて、葉に葉柄がありません。花は淡黄色をしていて、朝夕の陽の低い時間帯に花を咲かせます。その他にもマツヨイグサ類は複数種存在しますが、すべて茎を高く伸ばしますので、本種と区別できます。

## ●スイカズラ　スイカズラ科

**生育環境**：日当たりの良い草地や林縁

**花期**：5～6月　半落葉性の樹木

別名はニンドウ（忍冬：葉を全て落とさず耐え忍んでいるように見えるため）と呼ばれています。つる性の樹木で、丸みのある楕円形の葉を同じ所から2枚出します。茎や葉には毛が多

く存在し、葉の付け根に2個花を付けます。先端が大きく開いた漏斗状の花は白色から黄色へ変化し、甘い香りを漂わせます。本種は、神奈川県全域の林縁や荒れ地などで普通に見ることができます。

## ●ナワシロイチゴ　バラ科

**生育環境**：日当たりの良い草地や林縁

**花期**：5～6月　夏緑性小低木

匍匐性のキイチゴの仲間になります。少し切れ込みのある丸い葉を3枚セットで付け、葉柄や茎にかぎ状のとげを持ちます。花は淡紅紫色をしていて、果実は食用になります。近縁の種としては、クサイチゴが名古木棚田で見られますが、クサイチゴの花は白色ですので、容易に区別することができます。

## ●ネズミムギ類　イネ科

**生育環境**：日当たりの良い草地

**花期**：５～７月　１年草から多年草

ヨーロッパ原産の外来植物で、牧草利用で日本へ。高さ50㎝から１ｍ程に生長し、無毛のやや光沢ある長い葉を多数付けます。この仲間は、小穂の小花先に長いとげ（芒：のぎ）を持たないホソムギと芒を有するネズミムギ及びネズミホソムギ（ホソムギとネズミムギの雑種）が知られています。

## ●ノイバラ　バラ科

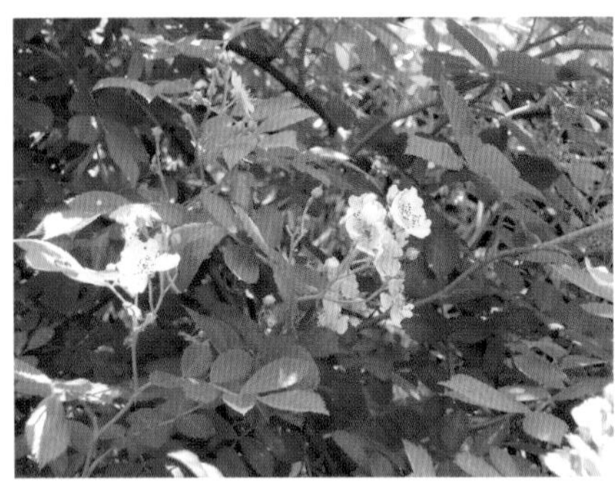

**生育環境**：日当たりの良い土手や林縁

**花期**：５月　低木

少し切れ込みのある小葉を羽状複葉に付け、葉柄付け根には複数の突起のある小さな葉（托葉）を持ちます。枝や花茎にはとげがあり、枝先端に白色の５枚花弁を持つ花を多数付けます。近縁種にアズマイバラが知られていますが、アズマイバラの雌しべ花柱には毛があるのに対して、本種はないため、その点で区別できます。

## ●ノヂシャ　スイカズラ科

**生育環境**：日当たりの良い草地

**花期**：５～６月　１年草もしくは越年草

ヨーロッパ原産の外来植物で、高さ10から30㎝程に生長します。丸みのある長楕円形の葉を同じ所から２枚出します。茎は４稜（４角）で縁を中心に毛が生えています。茎の先端には淡青紫色の５枚花弁の小さな花を多数付けます。和名は野原のチシャ（レタス）の意味で、原産地では食用にされているとのことです。

## ●ヒメコバンソウ　イネ科

**生育環境**：日当たりの良い草地や道端

**花期**：5～6月 1年草

ヨーロッパや地中海沿岸原産の外来植物で、高さ10から30㎝程に生長します。初夏、花茎先端に3㎜程度の大きさの小穂を密集させます。小穂の形を小判に見立て、また近縁のコバンソウという植物の小穂（大きさ1㎝程）より小さいという意味で、この名が付きました。神奈川県内の山地を除く全域に広く分布しています。

## ●エノコログサ　イネ科

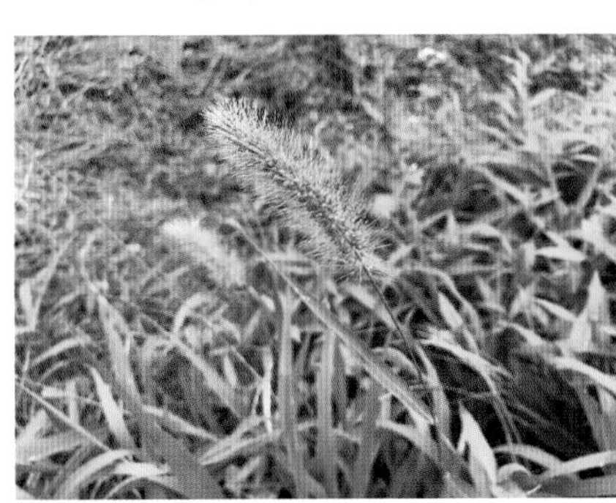

**生育環境**：日当たりの良い草地

**花期**：6～8月 1年草

高さ40から60㎝程に生長し、花茎の先端には小穂がブラシ状になった穂を形成します。ブラシ状の穂は、草花遊びに利用されます。エノコログサの名前を有する植物は、アキノエノコログサ、オオエノコロ、キンエノコロ、コツブキンエノコロ等複数種存在します。神奈川県内の山地を除く広い地域に普通に分布しています。

## ●チダケサシ　ユキノシタ科

**生育環境**：日当たりが良く、湿り気のある草地や水辺　**花期**：6～8月　多年草

高さは40から80㎝程に生長し、切れ込みのある小葉を複数付けます。花茎は長く伸長し、淡紅紫色の花を多数付けます。近縁種としてアカショウマが存在しますが、アカショウマの小葉先端が細長く突き出るのに対して、本種は突き出ないため、その点で区別することができます。名古木棚田での個体数は極めて少ないです。

## ●ヘクソカズラ　アカネ科

**生育環境**：日当たりの良い草地や土手

**花期**：6～8月　多年草

つる性の植物で、ハート形から卵形の葉を同じ所から2枚出します。葉の付け根から花茎を伸ばし、先端が反り返った鐘型の白い花を咲かせ、中央部は紅色で目立ちます。開花後は丸い果実を形成し、秋が深まるころ果実は飴色に熟します。本種は、神奈川県内の山地から平地の都市部まで全域に普通に分布しています。

### ●ミツバ　セリ科

**生育環境**：湿り気の多い小川付近や林縁

**花期**：6 ～ 8 月　多年草

高さ 40 から 80 cm程に生長し、全体無毛となります。葉は少し切れ込みのある小葉 3 枚を持つ 3 出複葉となり、柄を長く伸ばします。茎を垂直に伸ばし、先端に白色の小さな花を複数付けます。葉や葉柄には独特の香気を有し、昔から食用として利用されています。本種は、神奈川県内の山地から平野まで広く分布しています。

### ●ワルナスビ　ナス科

**生育環境**：日当たりの良い道端や荒れ地

**花期**：6 ～ 8 月　多年草

別名オニナスビやノハラナスビとも呼ばれています。北アメリカ原産の外来植物で、高さ 20 から 50 cm程に生長します。全体に鋭いとげを有しています。葉は、先端がやや尖りのある楕円形をしていて、茎に対して交互に付けます。花は淡紫色をしていて、開花後は 1.5 cm程の丸い果実を形成し、熟すと濃い黄色になります。

### ●アキノタムラソウ　シソ科

**生育環境**：やや湿り気のある林縁草地

**花期**：7 ～ 11 月　多年草

高さは 40 cmから 1 m程に生長し、小葉を多数付けた複葉となり、茎は 4 角形で、茎先端部分に青紫色の花を輪生状に 10 から 20 段ほど形成します。花は唇弁を持つのが特徴で、花茎の下から順に花が開花します。近縁はナツノタムラソウが存在しますが、この種はより標高の高い所に分布しています。

### ●イヌタデ　タデ科

**生育環境**：日当たりの良い草地や畦

**花期**：7～11月　多年草

田んぼ周辺の植物の枠に入れていますが、田んぼ内の場所にも生育しています。別名、アカマンマとも呼ばれています。高さは10から40㎝程に生長し、茎は根元から枝分かれをして四方に広がります。茎の先端に紅色の小花を穂状に多数付けます。本種は、神奈川県内の山地を除く全域に広く普通に分布しています。

## ●オヒシバ　イネ科

**生育環境**：日当たりの良い畦や草地

**花期**：7～10月　1年草

本種は畦畔を中心に田んぼ内の場所にも生育しています。高さ10から50㎝程に生長し、全体無毛となります。似た名前を持つ種としてメヒシバが挙げられますが、メヒシバは全体が軟弱で細長いのに対して、本種は葉や茎に柔軟性があり、踏みつけにも強いため、道端付近に生育しています。

## ●ダイコンソウ　バラ科

**生育環境**：やや湿り気のある林縁

**花期**：7～10月　多年草

高さ60㎝程に生長し、花茎や葉の

柄に密なビロード状の短毛を付けます。葉には切れ込みがあり、小葉の大きさは不規則となります。花茎先端には、淡黄色の5枚の花弁を持つ花を数輪形成します。神奈川県内には、近縁種としてコダイコンソウやオオダイコンソウが知られています。本種は、神奈川県内全域に分布しています。

## ●ツユクサ　ツユクサ科

**生育環境**：日当たりの良い草地や小川付近

**花期**：7～10月　1年草

別名ボウシバナと呼ばれ、茎は下部で分岐し、斜上しながら茎を伸ばしていきます。葉は無毛で、ササの葉形をし、花は青色花弁を2枚持ち、大きな苞から突き出てきます。近縁種としてはマルバツユクサが存在し、マルバツユクサは丸い縁が波打つ葉を有するため、本種と区別することができます。

## ●ツリガネニンジン　キキョウ科

**生育環境**：日当たりの良い草地や林縁

**花期**：7 ～ 10 月　多年草

高さ 60 cmから 1 m程に生長し、少し切れ目のある丸い葉を基本的に輪生に付けます。茎を垂直に伸ばし、先端部分に淡紫色の鐘型の花を複数付けます。花は雄花と雌花を含む両性花となり、先に雄花が熟した後で雌花の柱頭が成熟し、自家受粉を回避する仕組みを持っています。近年、やや個体数が減少しています。

## ●ハキダメギク　キク科

**生育環境**：日当たりの良い草地や道端

**花期**：7 ～ 11 月　1 年草

北アメリカ原産の外来植物で、高さ 10 から 40 cm程に生長します。全体に毛を有し、少し切れ込みのある葉を同じ所から 2 枚出します。花茎の先には白い舌状花と筒状花を合わせた頭花（集合花）を複数形成します。本種は、神奈川県内の山地を除く全域に広く分布し、特に人里や都市部等の人の生活圏内に多く見られます。

## ●ミゾソバ　タデ科

**生育環境**：湿り気の多い小川付近や休耕田

**花期**：7 ～ 10 月　1 年草

別名ウシノヒタイと呼ばれ、高さ 20 から 60 cm程に生長し、ほこ形の葉が特徴的です。茎先端に白色から淡紅色の花を密集させ、金平糖の形のように見えます。近縁種として、オオミゾソバが知られており、オオミゾソバは葉の中央部の湾入が大きいことや葉柄に翼がある点で本種と異なります。

## ●アマチャヅル　ウリ科

**生育環境**：日当たりの良い草地
**花期**：8～9月　多年草

つる性の植物で、小葉を5枚1組で複葉を形成します。ヤブガラシの葉に似ていますが、ヤブガラシの葉は無毛で、本種の葉には全体的に毛があり区別できます。花は黄緑色で、形は星形をしています。本種は、雄の株と雌の株に分かれる雌雄異株となります。神奈川県全域に普通に分布しています。

## ●カヤツリグサ類　カヤツリグサ科

**生育環境**：日当たりの良い草地や道端
**花期**：8～10月　1年草

ヤツリグサ類には、カヤツリグサ、コチャガヤツリ、コゴメガヤツリ等の近縁の種やアゼガヤツリ等の似ている種が名古木棚田で確認されているため、それらを含めた広い意味でカヤツリグサ類としました。それらは、高さ10から60㎝程に生長し、三角形の茎先に3枚の苞葉と複数の小穂が先端部分にまとまって付きます。

## ●ノカンゾウ　ワスレグサ科

**生育環境**：日当たりの良い草地や林縁
**花期**：8～9月　多年草

全体は無毛で、葉の幅は2㎝程になります。花は40から80㎝程の花茎を伸ばし、橙赤色の花弁を6枚持ちます。近縁種にヤブカンゾウが存在しますが、開花期の違いやヤブカンゾウは八重咲であり本種と識別できます。神奈川県内に広く分布していますが、ヤブカンゾウよりも個体数は少ないです。

## ●ヒナタイノコヅチ　ヒユ科

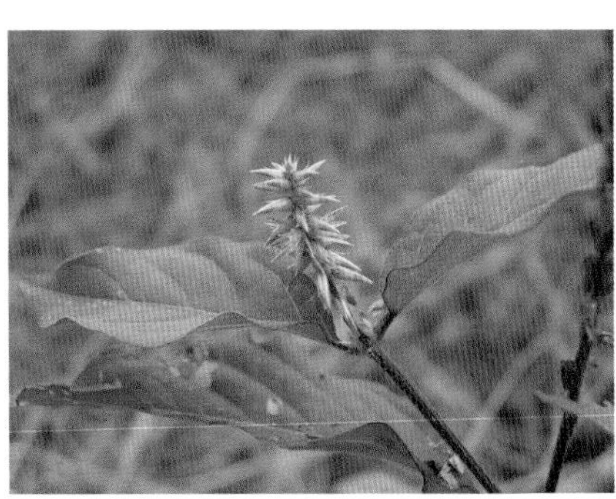

**生育環境**：日当たりの良い草地や道端
**花期**：8～9月　多年草

高さ40㎝から1m程に生長し、全体的に毛が多いです。葉は丸く縁が波打つところが特徴で、同じ所から2枚出します。茎は赤紫色をしていくことが多く、開花後、果実は花茎に対して横向きに密着します。種子は動物散布であり、人の服にも付着します。近縁にヒカゲイノコヅチが知られていて、葉の縁は波打ちません。

### ●ミズタマソウ　アカバナ科

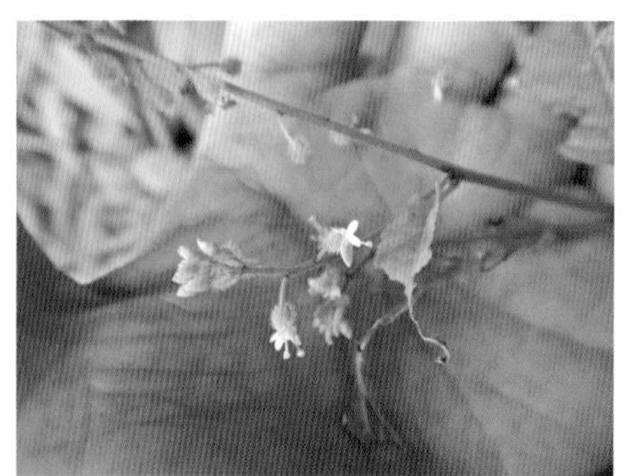

**生育環境**：湿り気のある草地や林縁

**花期**：８～９月　多年草

高さ30から60㎝程に生長し、先端の尖る楕円形の葉を同じ所から２枚出します。茎の節は赤みを帯び、細かな毛を有しています。花は白色で先端２裂する花弁を持ち、丸い果実には毛が多く生えています。近縁種としてタニタデが知られていて、タニタデの花弁は先端が３裂するため、その点で区別することができます。

### ●センニンソウ　キンポウゲ科

**生育環境**：日当たりの良い土手や林縁

**花期**：８～９月　小低木

木本性のつる植物で、小葉は先が尖ったり丸みがあったり変化が多く、それらを羽状に付ける複葉を形成します。葉の付け根から花を多数出し、白い花弁のように見える４枚のがくが印象的です。種子は鳥の羽に似た毛を持ち、風によって散布。本種は、神奈川県内全域に広く分布しています。

### ●ヤブマメ　マメ科

**生育環境**：日当たりの良い土手や林縁

**花期**：８～９月　１年草

つる性の植物で、やや尖りのある小葉を３枚持つ３出複葉となります。葉や茎には短毛が生えています。葉の付け根から出た柄の先に、花を数個付け、旗弁が淡紫色で、側弁と竜骨弁は白色をしています。開花後は、鞘状の果実を形成し、中の種子表面はまだら模様をしています。神奈川県内全域に広く分布しています。

### ●ヤブラン　クサスギカズラ科

**生育環境**：林内や林縁

**花期**：8～9月　多年草

高さ20から40㎝程に生長し、無毛で幅1㎝程の長い葉を付けます。株の中央から花茎を伸ばし、淡紫色の花を多数付け、開花後は7㎜程の丸い果実を形成します。果実は熟すと黒色になります。本種は、耐陰性があるため、樹木が優占する林床でよく見られます。神奈川県内の山地を除く全域に広く分布しています。

## ●オオヒヨドリバナ　キク科

**生育環境**：やや湿り気のある草地や林縁

**花期**：8～10月　多年草

高さは50㎝から1m程に生長し、先が尖った長楕円形の葉を同じ所から2枚出します。秋頃、茎先に白い筒状花のみの頭花（集合花）を密に付けます。似た種としては、北アメリカ原産のマルバフジバカマが存在し、本種の頭花は小花が5つ程度に対して、マルバフジバカマは小花が20程度と多いです。

## ●ジュズダマ　イネ科

**生育環境**：日当たりが良く、湿り気の多い小川

**花期**：8～10月　1年草

熱帯アジア原産の外来植物で、日本

各地で見られます。高さは1m程に生長し、秋になると葉の付け根から花を複数出し、開花後は、表面に光沢がある硬い果実を形成します。果実には、白色・灰色・黒色の単色やまだら模様があり、昔から飾り遊びなどの草花遊びの材料として利用されてきました。

## ●ツルボ　クサスギカズラ科

**生育環境**：日当たりの良い草地

**花期**：8～9月　多年草

高さ10から30㎝程に生長し、根茎球根から無毛の根生葉を複数出します。花茎を垂直に伸ばし、淡紅紫色の花を穂状に付けます。稀に花が白色のシロバナツルボが神奈川県内で確認されています。本種は、神奈川県内の海岸から山地までの広い地域で普通に分布していますが、特に人里近くの田畑付近の草地や土手等に多いです。

### ●ネナシカズラ　ヒルガオ科

**生育環境**：日当たりの良い草地や林縁
**花期**：8 ～ 10 月　1 年草

つる性の寄生植物で、全体無毛で黄色味を帯びています。種子から発芽した後に、周辺の植物に絡み付きながら、他の植物の光合成産物を奪い取り、生長していきます。花は白色で鐘型をしています。近縁種としては、外来植物のアメリカネナシカズラが知られていて、雌しべ先端の花柱の数（本種 1 本、他 2 本）で識別します。

### ●キツネノマゴ　キツネノマゴ科

**生育環境**：日当たりの良い草地や道端　**花期**：8 ～ 10 月　1 年草

高さ 10 から 30 cm程に生長し、茎は 6 稜（6 角）となります。葉は先が尖る楕円形となり、同じ所から 2 枚出します。茎の先に淡紅紫色の大きな唇弁を有する花を穂状に形成します。神奈川県内の山地を除く全域に広く分布しています。県内では、白い唇弁を持つシロバナキツネノマゴが稀に見られるとのことです。

### ●ワレモコウ　バラ科

**生育環境**：日当たりの良い草地
**花期**：8 ～ 11 月　多年草

高さ 40 cmから 1 m程に生長し、切れ込みのある長楕円形の小葉を羽状複葉に付けます。茎先に暗赤紅色の花を球形穂状に複数付けます。近縁種としてウラゲワレモコウが知られていて、葉裏面脈状に白毛が密生します。本種は、神奈川県内の山地を除く全域に広く分布していますが、個体数等は多くはないように思われます。

### ●アブラススキ　イネ科

**生育環境**：日当たりの良い草地
**花期**：9 ～ 10 月　多年草

ススキのような長い葉を持ち、花茎は長さ１ｍ程に生長し、先端には小花を多数付けた穂を形成します。近縁種にオオアブラススキが知られていますが、オオアブラススキは２つの隣り合った小穂の１つしか柄がないのに対して、本種は２つとも柄がある点が異なります。神奈川県内の山地を除く広い地域に普通に分布しています。

## ●アメリカセンダングサ　キク科

**生育環境**：湿り気のある日当たりの良い草地や小川脇　**花期**：９～11月　多年草

北アメリカ原産の外来植物です。高さは、50㎝から１ｍ程に生長し、茎は多数枝分かれします。その先端に筒状花のみの頭花（集合花）を形成し、その周りにはへら状の苞葉が複数付きます。似た名を持つ植物は複数存在し、センダングサ、コセンダングサ、コバノセンダングサ、アワユキセンダングサ等が挙げられます。

## ●カナムグラ　アサ科

**生育環境**：日当たりの良い草地や林縁
**花期**：９～10月　１年草

つる性の植物で、葉や茎には多数のとげがあり、触るとざらざらしています。そのため、葉をそのまま服に張り付ける「カナムグラのワッペン」と呼ばれる草花遊びも知られています。葉には深い切れ込みがあり、モミジの葉のようにも見えます。本種は、神奈川県内の山地を除く全域に普通に分布しています。特に荒れ地や河川土手などでよく見かけます。

## ●ゲンノショウコ　フウロソウ科

**生育環境**：日当たりの良い草地
**花期**：９～10月　多年草

茎はよく分岐して地を這うように生長し、花茎の先に花弁５枚で構成された花を付けます。花の色は、白花と赤紫色の２種類。神奈川県内では、白花を付ける株をよく見かけますが、赤紫色の株も稀に存在するようです。本種は、県内全域の山地から丘陵地、台地、平野まで幅広く分布しています。

### ●コセンダングサ　キク科

**生育環境**：日当たりの良い草地
**花期**：9～11月
1年草

熱帯地域原産の外来植物です。高さ50㎝から1m程に生長し、茎先端に舌状花を欠いた筒状花のみの黄色の頭花（集合花）を付けます。種子は細長く先端に戻しの付いたとげを3本有しています。これは動物散布を狙った構造ですが、人の服にも付くことからひっつきむしとして草花遊びにも利用されています。

### ●ススキ　イネ科

**生育環境**：日当たりの良い草地
**花期**：9～10月　多年草

高さ1から2mになる大型のイネ科植物です。細長い縁には鋸状の切れ込みがあるため、触ると手が切れる場合があります。花茎は長く伸び、先端に小穂が密集した大きな穂を形成します。小穂先端には長い毛のようなもの（芒：のぎ）があり、近縁のオギには芒がありません。本種は、神奈川県内に広く普通に分布しています。

### ●チカラシバ　イネ科

**生育環境**：日当たりの良い草地や畦
**花期**：9～10月　多年草

高さ30から60㎝程に生長し、細い葉を多数付けます。花茎は長く伸長し、先端には長い毛を持つ小穂が密に集まりブラシ状となります。小穂の毛はやや硬く、動物の体に付着することで種子を散布するのに適した構造と思われます。本種は、神奈川県内の山地から平地までの広い地域に普通に分布しています。

### ●ツリフネソウ　ツリフネソウ科

**生育環境**：湿り気の多い小川や湿地
**花期**：9～10月　多年草

高さは40から80㎝に生長し、少し

切れ込みのある丸みのある葉を付けます。秋になると葉の付け根から花茎が伸び、先端に紅紫色の花が釣り下げられた状態で開花します。本種は、園芸種のホウセンカの仲間であり、果実は接触刺激で爆ぜて種子を散布します。神奈川県には、花が黄色のキツリフネが知られています。

## ●ホシアサガオ　ヒルガオ科

**生育環境**：日当たりの良い草地

**花期**：9～10月　1年草

南アメリカ原産のつる性の外来植物です。葉はハート形から深い切れ込みがあるものまで多型となり、葉の付け根から複数の花芽を持った花柄を伸ばします。花は淡紅色をしていて、ロート形になります。近縁種としてマメアサガオが存在しますが、マメアサガオの花の色は白色であるため、容易に区別できます。

### コラム5：やってみよう、草花遊び！

棚田内やその周辺の植物は、食用や薬用等の様々な恩恵を与えてくれます。その一つに、いろいろな植物の花や葉やを使った草花遊びがあります。草花遊びは、全国に1000種類近く知られていて、その内容も勝負遊び・飾り遊び・創作遊び・音遊び・おもちゃ遊び・ままごと遊び等が挙げられます。ここでは、名古木棚田にたくさん生育している植物を活用した「ナズナの鈴」、「スズメノテッポウの笛」、「オオバコの相撲」の3つの遊びを紹介します。植物の観察時に、遊びを通して植物細部の構造や質感等も感じてみてください。
イラスト：東浦郁恵・村松美由紀・北上満帆乃

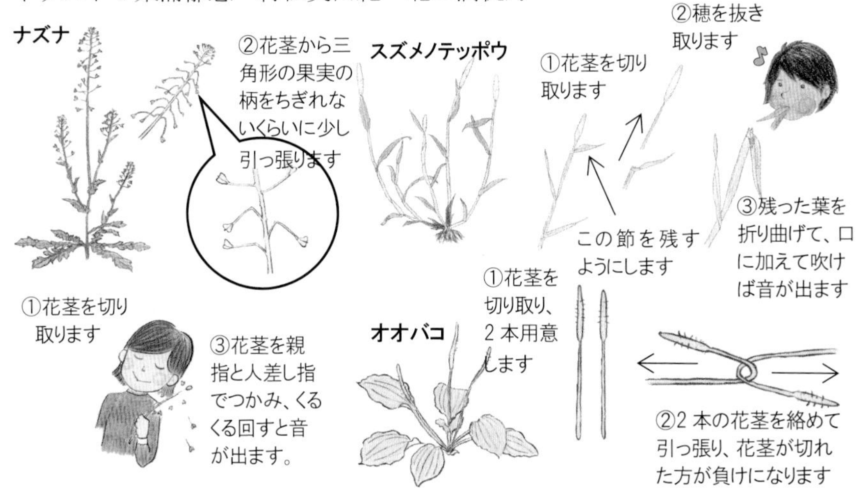

## ●ホトトギス　ユリ科

**生育環境**：やや湿り気のある林縁や小川土手

**花期**：9 ～ 10 月　多年草

高さ 30 cmから 1 m程に生長し、ササの葉形の大きな葉を交互に付けます。全体的に毛が多く、葉の付け根から濃紫色の斑点のある淡紅紫色の花を出します。近縁の種としてヤマホトトギスが知られていますが、ヤマホトトギスは茎先端に花が集まるのに対して、本種は葉付け根から出るため、その点で区別できます。

## ●マメアサガオ　ヒルガオ科

**生育環境**：日当たりの良い草地

**花期**：9 ～ 10 月　1 年草

北アメリカ原産のつる性の外来植物です。葉はハート形から深い切れ込みがあるものまで多型となり、葉の付け根から数個（1 個の場合が多い）の花芽を持った花柄を伸ばします。花は白色をしていて、ロート形になります。近縁種としてホシアサガオが存在しますが、花の色や花柄に付く花の数等で区別することができます。本種は、ホシアサガオと同様に畑地周辺などでよく見られます。

## ●ミズ類　イラクサ科

**生育環境**：湿り気の多い小川や林縁

**花期**：9 ～ 10 月　1 年草

高さ 10 から 30 cm程に生長し、切れ込みのある丸い葉を同じ所から 2 枚出します。葉の付け根に花を密集させます。ミズ類には、ミズとアオミズが含まれていて、葉の切れ込みが葉の根元付近まであるアオミズと、半分程度まであるミズに分けられています。その他には、花柄を長く伸ばすヤマミズも知られています。

## ●メナモミ　キク科

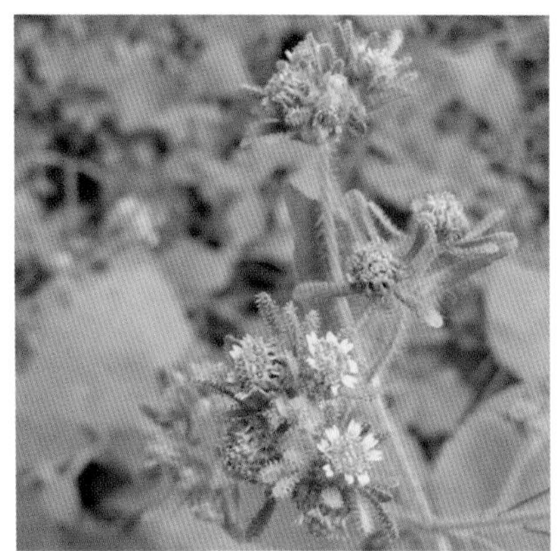

**生育環境**：湿り気のある草地や林縁

**花期**：9～10月　1年草

高さは50㎝から1m程に生長し、茎に長い毛を密に付けます。先端がとがる丸い葉を同じ所から2枚出します。葉の付け根から花茎を伸ばし、黄色の舌状花と筒状花を合わせた頭花（集合花）を複数形成します。頭花周りのがく（総苞片）には繊毛が密に付きます。近縁種に本種より小さいコメナモミが知られています。

## ●セイタカアワダチソウ　キク科

**生育環境**：日当たりの良い草地や休耕田

**花期**：10～11月　多年草

北アメリカ原産の外来植物です。高さ1から2m程に生長し、地下茎を伸ばして横に伸び広がります。葉はササの葉形で、茎ともに少しざらつきがあります。秋になると、茎の先端に黄色の舌状花と筒状花を合わせた頭花（集合花）を密集させ、穂状の大きな花序となります。神奈川県内の山地を除く全域で普通に見られます。

## ●ノコンギク　キク科

**生育環境**：日当たりの良い草地や林縁

**花期**：10～11月　多年草

高さ20から40㎝程に生長し、地下茎を伸ばし広がります。茎や葉に短毛があり、少し切れ込みのある葉は茎から1枚ずつ出ます。茎先は枝分かれし、その先に淡青紫色の舌状花と筒状花を有する頭花（集合花）を形成します。似た植物として、カントウヨメナが名古木棚田の水田畦付近に生育しています。本種は、神奈川県内ほぼ全域に分布しており、明るい林縁や土手などでよく見られます。

（**第2章**　担当：藤吉正明）

## コラム6：やってみよう、山菜料理！

棚田内やその周辺の植物は、食用や薬用等の様々な恩恵を与えてくれます。昔から人々は、野山の植物を採取し、山菜料理として楽しんできました。ワラビやゼンマイ、ヨモギ、セリ、フキ、タラノキはその代表です。ここでは、棚田内とその周辺で採取でき、多く分布している 4 種の植物の利用例を示しています。この中のオランダガラシは食用目的に栽培されてきた外来種で、それが野生化したものですので、積極的に食べて広がりを抑えた方がよいかもしれません。稀に有毒植物も存在しますので、調理の際には山菜図鑑等で確認してご利用ください。

**オオバコのおひたし** ①若葉をよく水で洗い、お湯で茹でます ②さっと茹でたら水をよく切り、おかかと醤油をかけて完成！　学生からの一言：歯ごたえは少し硬いですが、味は意外といけます

**オランダガラシの味噌和え** ①水でよく洗い、さっと茹でて、適当な大きさに切ります②鍋に味噌・砂糖・酒・みりんを入れ、弱火でよく混ぜた後で、合わせます　学生からの一言：シャキシャキしていて、美味しいです。味噌との相性も抜群！

**ノビルのおかか煮** ①よく洗い、鱗茎と葉に分けます ②鍋に鱗茎とだし汁を入れ、沸騰したら酒・醤油・みりんを加え、煮汁がなくなるまで煮ます。最後におかかをかけて完成！学生からの一言：煮ることで柔らかくなり、そしてほんのり甘い味になりました。

**クワの葉茶（ヤマグワでも可）** ①葉をよく洗い、1～2 日程天日干しさせます ②乾燥させた葉をお湯につけ、5 分ほど煮詰めたら完成！　学生からの一言：クワの独特の香りが強いです。苦味もなく、とても飲みやすいです。

### ＜参考文献＞


●大橋　他（編）（2015）改訂新版　日本の野生植物 1、平凡社
●大橋　他（編）（2016）改訂新版　日本の野生植物 2 － 3、平凡社
●大橋　他（編）（2017）改訂新版　日本の野生植物 4 － 5、平凡社
●神奈川県植物誌調査会（2018）神奈川県植物誌 2018（上・下）、神奈川県立生命の星・地球博物館
●熊谷　他（2010）東海大学教養学部紀要　第 41 輯：303 － 308
●澁谷・藤吉（2006）東海大学教養学部紀要　第 37 輯：213 － 225
●諏訪部　他（2019）東海大学教養学部紀要　第 50 輯：233 － 243
●高橋　他（2007）東海大学教養学部紀要　第 38 輯：13 － 26
●藤吉　他（2018）東海大学教養学部紀要　第 49 輯：123 － 132
●藤吉　他（2019）神奈川自然誌資料　40：15 － 18

# 第3章
# 田んぼの生き物たち

## ■田んぼの生き物から見た名古木の自然環境

この名古木の田んぼで確認された生き物たちのほとんどは、全国的に見ればいずれも「普通種」とされていたものばかりです。では、普通種ばかりが生息している名古木は、自然環境としての価値は低いのでしょうか？　もちろん、そんなことはありません。近年、全国的に「普通にいた生き物」がいなくなってきていることが知られるようになりました。このことは、もともと数の少ない希少な生き物がいなくなっていること以上に、深刻な事態だと私は思います。以前、私は「名古木の水生生物・ほ乳類と野の花たち」（NPO 法人自然塾ドン会編、2006 年）においても同じことを書きましたが、名古木の自然環境の価値とは「里山に普通な生き物が今なお普通に生息している」ことだと思います。とはいえ、私がこの名古木に通うようになって 15 年が経ちましたが、新たに定着した生き物もいれば、反対に姿を消していった生き物もいます。この名古木の自然環境も少しずつ変わっているのでしょう。

今後、名古木の自然環境はどのようになっていくのでしょうか。今後も、ここ名古木において生物多様性に富んだ水辺が維持されるかどうかは、ドン会、加えてこの地域の田んぼを管理する方々の活動の継続にかかっています。

## ■田んぼの生き物の調査方法

2017 年からの 3 年間に及ぶ自然環境調査では「水生昆虫」と「あぜ道の昆虫」を対象としました。「水生昆虫」としては、幼虫・成虫ともに水生もしくは半水生のコウチュウ目（コガシラミズムシ科・コツブゲンゴロウ科・ゲンゴロウ科・ガムシ科）およびカメムシ目（タイコウチ科・コオイムシ科・ミズムシ科・メミズムシ科・マツモムシ科・イトアメンボ科・ケシミズカメムシ科・カタビロアメンボ科・アメンボ科・ミズギワカメムシ科）を、「あぜ道の昆虫」としては、科を特定せずにコウチュウ目とカメムシ目を対象としました。

本書において、「あぜ道の昆虫」に関しては慶応大学グループによる第 4 章に譲ることとし、調査結果につきましては「水生昆虫」についてのみ述べることとします。

ただし、本章の図鑑においては、調査対象外ではありますが、名古木の田んぼで見かけることの多い魚類、節足動物門（甲殻類）、軟体動物門（貝類）、環形動物門（イトミミズ・ヒル類）についても可能な限り掲載しました。したがいまして、3 年間の調査結果と図鑑の掲載種は一致していません。

## ●調査場所

NPO 法人自然塾丹沢ドン会が復元後、維持・管理している田んぼとその周辺の水域を調査場所としました。復元年に基づき、田んぼを 3 区画に分け、復元時期が古い区画からＡ・Ｂ・Ｃとしました。そのほか、田んぼＡ・Ｃと田

**田んぼB**:開放的で、水草類が多いです。マコモ田やクワイ田もあります。水はけが悪く冬季にも水があります

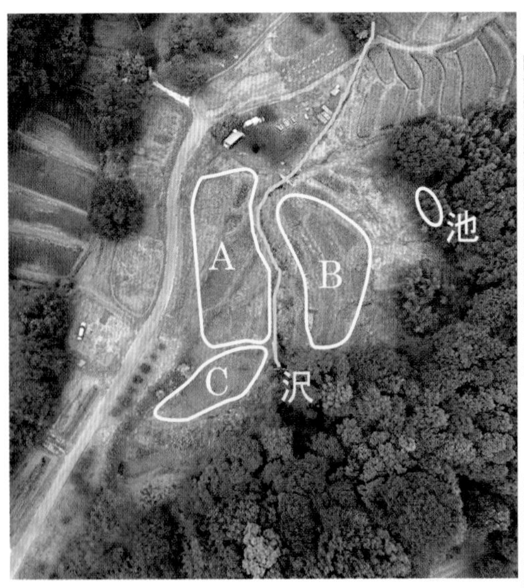


田んぼの生き物の調査地点

**田んぼC**:開放的ですが、林縁部にはやや暗めの湿地があります

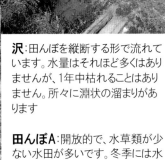

**沢**:田んぼを縦断する形で流れています。水量はそれほど多くはありませんが、1年中枯れることはありません。所々に淵状の溜まりがあります

**田んぼA**:開放的で、水草類が少ない水田が多いです。冬季には水が少ないです

**池**:林縁部にある小規模な池で、木々に覆われており、うす暗いです

調査の様子(2017年11月16日)

んぼBの間にある沢、林縁部にある小規模な池も調査場所としました。

## ●調査方法

調査期間は2017年4月から2020年3月までの3年間としました。田んぼA－Cおよび水路・池において、タモ網による掬い採りもしくは目視による採集によって水生昆虫を得ました。余剰個体を除き研究室に持ち帰り、標本を作製後に種を同定しました。

## ■田んぼの生き物調査の結果

3年間の調査を通して、水生コウチュウの仲間を4科16種、水生カメムシの仲間を10科19種確認できました。ただし、ミズギワカメムシ属の一種としたものは複数種が含まれていますので、厳密には種数は正確ではありません。

**調査期間中(2017年4月-2020年3月)に名古木で確認された水生コウチュウ**

| 和名(科名) | 和名(種名) | 学名(種名) | A | B | C | 沢 | 池 |
|---|---|---|---|---|---|---|---|
| コガシラミズムシ科 | コガシラミズムシ | *Peltodytes internedius* | ○ | ○ | ○ | | |
| コツブゲンゴロウ 科 | コツブゲンゴロウ | *Noterus japonicus* | | ○ | | | |
| ゲンゴロウ 科 | チビゲンゴロウ | *Hydroglyphus japonicus* | ○ | ○ | ○ | | |
| | コマルケシゲンゴロウ | *Hydrovatus acuminatus* | ○ | ○ | | | |
| | マメゲンゴロウ | *Agabus japonicus* | | | ○ | | |
| | ヒメゲンゴロウ | *Rhantus suturalis* | ○ | ○ | ○ | | |
| | ハイイロゲンゴロウ | *Eretes griseus* | ○ | ○ | ○ | | |
| | コシマゲンゴロウ | *Hydaticus grammicus* | ○ | ○ | ○ | | |
| ガムシ科 | クナシリシジミガムシ | *Laccobius kunashiricus* | ○ | ○ | ○ | | |
| | キベリヒラタガムシ | *Enochrus japonicus* | | | ○ | | ○ |
| | キイロヒラタガムシ | *Enochrus simulans* | ○ | ○ | ○ | | |
| | ヒメセマルガムシ | *Coelostoma orbiculare* | | ○ | ○ | | |
| | コガムシ | *Hydrochara affinis* | ○ | ○ | | | |
| | ヒメガムシ | *Sternolophus rufipes* | ○ | ○ | ○ | | |
| | トゲバゴマフガムシ | *Berosus lewisius* | ○ | ○ | ○ | | |
| | マメガムシ | *Regimbartia attenuata* | ○ | ○ | ○ | | |

**調査期間中(2017年4月-2020年3月)に名古木で確認された水生コウチュウ**

| 和名(科名) | 和名(種名) | 学名(種名) | A | B | C | 沢 | 池 |
|---|---|---|---|---|---|---|---|
| タイコウチ科 | タイコウチ | *Laccotrephes japonensis* | ○ | ○ | ○ | ○ | ○ |
| | ミズカマキリ | *Ranatra chinensis* | | ○ | | | |
| コオイムシ科 | オオコオイムシ | *Appasus major* | | ○ | | | |
| ミズムシ科 | ヒメコミズムシ | *Sigara matsumurai* | | ○ | | | |
| | エサキコミズムシ | *Sigara septemlineata* | ○ | ○ | ○ | | ○ |
| メミズムシ科 | メミズムシ | *Marginatus marginatus* | ○ | ○ | ○ | | |
| マツモムシ科 | マツモムシ | *Notonecta triguttata* | ○ | ○ | ○ | ○ | |
| イトアメンボ科 | ヒメイトアメンボ | *Hydrometra procera* | ○ | ○ | ○ | | ○ |
| ケシミズカメムシ科 | ケシミズカメムシ | *Hebrus nipponicus* | ○ | ○ | ○ | | |
| カタビロアメンボ科 | ケシカタビロアメンボ | *Microvelia douglasi* | ○ | ○ | ○ | | ○ |
| アメンボ科 | アメンボ | *Aquarius paludum paludum* | ○ | ○ | | | |
| | ヒメアメンボ | *Gerris latiabdominis* | ○ | ○ | ○ | | |
| | コセアカアメンボ | *Gerris gracilicornis* | | | ○ | | ○ |
| | ヤスマツアメンボ | *Gerris insularis* | | ○ | ○ | ○ | ○ |
| | エサキアメンボ | *Limnoporus esakii* | | | ○ | | |
| | シマアメンボ | *Metrocoris histrio* | | | | ○ | |
| ミズギワカメムシ科 | モンシロミズギワカメムシ | *Chartoscirta elegantula* | | | ○ | | |
| | トゲミズギワカメムシ | *Saldoida armata* | | ○ | | | |
| | ミズギワカメムシ属の一種 | *Saldula* spp. | ○ | ○ | ○ | | |

## ●名古木に生息する絶滅危惧種の水生昆虫

水生コウチュウの中で、神奈川県のレッドリストではコガシラミズムシ（88 ページ）が絶滅危惧ＩＢ類、コツブゲンゴロウ（88 ページ）が絶滅危惧Ⅱ類、コガムシ（91 ページ）が準絶滅危惧、クナシリシジミガムシ（90 ページ）が情報不足Ｂとして掲載されています。このほか、コマルケシゲンゴロウ（88 ページ）は環境省のレッドリストにおいて準絶滅危惧とされています。

これらのうち、名古木においてコマルケシゲンゴロウは 2011 年以降、コツブゲンゴロウは 2015 年以降から確認されるようになった種です。両種は体長数㎜程度の小型種ですが、これまでの採集経験や頻度から、それ以前には生息していなかったと考えられます。これらは近年になって名古木にやってきて定着したと推測されます。

水生カメムシの中で、エサキアメンボ（100 ページ）は、抽水植物が繁茂する水域の閉鎖的な環境に生息するアメンボで、名古木では過去に 2016 年 7 月に 1 個体のみ確認されていた種です。本調査において 2019 年 7 月、新たに田んぼＣにある湿地帯で幼虫 1 個体が確認されました。本種は環境省レッドリストでは準絶滅危惧、神奈川県レッドリストでは絶滅危惧ＩＡ類とされています。

## ●神奈川県初記録のトゲミズギワカメムシ

トゲミズギワカメムシ（101 ページ）は体長 3㎜ほどの半水生のカメムシです。前胸背に 1 対の顕著なトゲがあるのが特徴で、湿った草地に生息します。本種はこれまで神奈川県での記録がありませんでしたが、2018 年 10 月に 1 個体、2019 年 10 月にも 8 個体を確認できました。

**●環境別の出現状況**

環境別で見た場合、田んぼＡでは計 22 種、田んぼＢでは計 29 種、田んぼＣでは計 26 種、水路で計 4 種、池で計 6 種であり、田んぼＢで最も多くの種が確認できました。

この理由としては、田んぼＢは水はけが悪く 1 年中水があること、水田内に水草が豊富であることや、イネのほかマコモやクワイが植えてあり、植生に多様性があることが挙げられます。このため、コツブゲンゴロウ、ミズカマキリ、オオコオイムシ、ヒメコミズムシの 4 種は田んぼＢのみで確認されました。

ただし、水生昆虫は、開放的な明るい環境を好む種、閉鎖的な暗い環境を好む種、流水域を好む種など、種によって好適な環境が異なります。したがって、開放的な環境を好むアメンボは開放的で広い面積の水田がある田んぼＡでよく見られました（田んぼＢでも少数が確認されています）。

また、ややうす暗い場所を好むマメゲンゴロウやキベリヒラタガムシ、コセアカアメンボやヤスマツアメンボは、一部の例外を除いて田んぼＣもしくは池で確認されました。このほか、流水域を好むシマアメンボは水田内ではまったく見られず、沢でのみ確認されました。

このように、この名古木においては、一言で「田んぼ」と言っても、それぞれ微細に異なる環境が存在することが、種の多様性が高い要因になっていると言えます。

**●名古木において絶滅したと考えられる水生昆虫**

コマルケシゲンゴロウやコツブゲンゴロウのように、名古木では近年になって確認されるようになった種がある一方で、残念ながら、過去には記録があるものの現在は見られなくなった種もあります。例えば、大型の水生コウチュウであるガムシ（91 ページ）は 2008 年、シマゲンゴロウ（90 ページ）は 2012 年を最後に名古木では確認されず、当地では絶滅したと考えられます。現在のところ、ガムシについては 2008 年 5 月 4 日に確認された個体が、名古木はおろか神奈川県全域の最後の記録となっており、県下からの絶滅が心配されています。

これらは神奈川県下で絶滅の危機にある種であり、この名古木のように一部の地域に生息環境が残っていても、より広範囲に好適な環境が残っていなければ個体群を維持できないのでしょう。

**■調査結果から見た今後の課題**

名古木は山に囲まれた谷戸地で、通年湿った土地があり、休耕の時期にも水生生物の逃げ場があります。また、田んぼＡには開放水面、田んぼＢには湿地やマコモ等の抽水植物が生育している田んぼ、田んぼＣや池には閉鎖的でうす暗い環境、沢には流水域が存在し、水生生物にとって生息しやすい多様な生息環境が残されています。

このように、画一的な水田環境ではなく、水田一枚ごとに少しずつ様相が異なる水田環境の維持管理は、立地的にそうせざるを得ないという事情もあるのかもしれませんが、良い意味でのドン会の「緩さ」によることが大きいと思います。このドン会による、「緩さ」を多分に含んだ田んぼの維持管理は、生物多様性の保全に大きく寄与していると言えます。

今後の課題として、私としては特に提言のようなものはなく、できることであれば、これからも変わらない活動をずっと続けて欲しいということくらいです。新しい積極的な試みの必要や提言はないのか、と思われる方もいらっしゃるかもしれませんが、私は、里山管理の活動を変わらずにずっと続けていくことのほうがたいへんで、また意義のあることだと考えています。

## ●ドジョウ　ドジョウ科

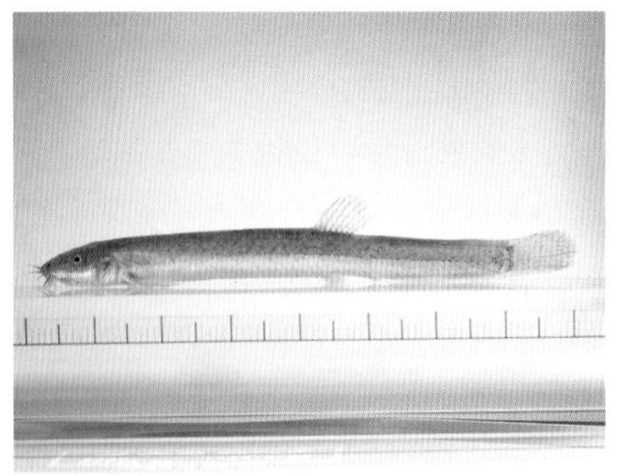

**生息環境**：田んぼや沢

体長は大きいもので 20 cmほどです。食用にもなり、童謡や昔話などにも出てくるなど、身近なうえ誰でも知っている淡水魚です。体は細長く、黄色みのある褐色をしています。名古木では田んぼのほか沢でもみられますが個体数はそれほど多くありません。あまり泳ぎ回ることはなく、驚いた時にはよく泥の中に潜り込みます。

## ●ホトケドジョウ　フクドジョウ科

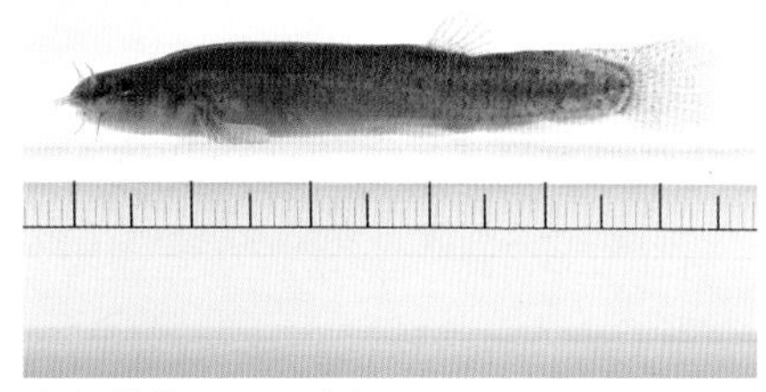

**生息環境**：田んぼや沢

体長は大きいもので 6 cmほどです。ドジョウによく似ていますが、体はより太短く、丸っこい印象を受けます。体は薄い褐色で細かい斑紋があります。名古木では個体数は多く、田んぼや沢でみられますが、ドジョウよりも水が流れ込むような場所をより好む傾向があります。また、ドジョウよりもよく泳ぐ習性があります。

## コラム１：ドジョウとホトケドジョウの見分け方

名古木で見られる魚類はドジョウとホトケドジョウの 2 種のみですが、これらは一見するとよく似ています。ただし、ドジョウはドジョウ科、ホトケドジョウはフクドジョウ科の仲間であり、同じドジョウの仲間といっても分類上はかなり異なるグループに属しています。

さて、ドジョウとホトケドジョウとを比べると、ドジョウのほうが明らかに細長くニョロニョロとした動きをするのに対し、ホトケドジョウの体はずんぐりとしてあまり体をくねらせないので、慣れればその姿や動きを見ただけで区別することができます。

また、下の写真のように顔つきはずいぶん異なりますし、口ひげはドジョウでは 5 対 10 本であるのに対し、ホトケドジョウは 4 対 8 本であることも異なります。ドジョウの仲間を見つけた時にはどちらなのか、よく観察してみましょう。

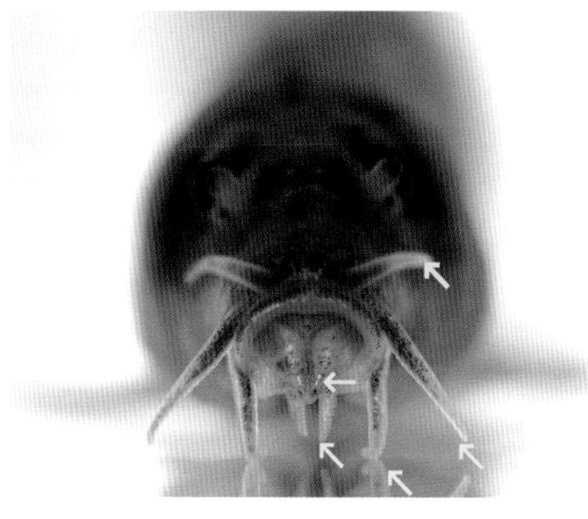

**ドジョウの正面**
ちょっと分かりにくいですがヒゲは 5 対 10 本です

**ホトケドジョウの正面**
ヒゲは 4 対 8 本です

## ●サワガニ　サワガニ科

**生息環境**：田んぼや沢、あぜ道の湿った場所

甲らの幅は大きいもので 3 ㎝ほどです。田んぼや沢など、水の中でも見られますが、あぜ道の石や落ち葉の下など湿った場所でも見られます。しばしば、あぜ道に穴を掘り、その穴に水が通ることで結果的にあぜそのものが壊れてしまうことがあります。田んぼを管理するうえでは少し困った存在ですが、観察会などではとても人気のある生き物です。

成体

幼体

**コラム2：サワガニの色**

名古木を含む秦野市周辺のサワガニは、小さな個体では上の写真のように赤茶色のものもいますが、大きな個体はたいてい青白い色をしています。ただし、全国には赤かったり、茶色かったり、紫色が強かったりと様々な色があり、また地域によってその色はだいたい決まっています。なお、この色の違いは遺伝によるものと考えられています。

皆さんも、地方に出かける機会がありましたら、そこのサワガニがどんな色をしているのか探してみてください。

赤色のサワガニ（静岡西部）

茶色のサワガニ（静岡中部）

## コラム3：アメリカザリガニがいないことの重要性

アメリカザリガニは子どもたちに人気の水生生物です。ハサミ脚が大きくて、真っ赤な体の個体は確かに格好がよく、私も幼いころ近くの川や池でザリガニ採りをして、家で育てた経験があります。このアメリカザリガニは、その名の通り北米原産のザリガニで、日本には1920年代にウシガエルの養殖の際に必要なエサとして神奈川県鎌倉市に 20 個体が持ち込まれたのが元になったと考えられています。

近年、このアメリカザリガニは、雑食性で何でも食べることから水生動植物を食害し、また水草を切断することにより植生を破壊してしまうことが知られるようになってきました。加えて、泥をかき混ぜることにより透明度を悪化させてしまうことなど、水辺生態系に極めて大きな影響を及ぼしています。希少な水生生物が生息していた池にアメリカザリガニが侵入したことによって、あっという間に生き物がいなくなった事例を実際に私は全国各地で見ています。もしアメリカザリガニが日本に入っていなかったら、日本の水辺生態系はこれほど悪化していなかったのではないかとさえ思います。

秦野市においても、すでに各地でこのアメリカザリガニが生息していることが知られていますが、この名古木には、過去に持ち込みと思われる個体が確認されたことがあるものの、特にドン会が管理している田んぼにおいては幸いにも今のところ生息していないと考えられます。本種に限ったことではありませんが、一度入り込んだ生物を排除することは容易なことではありません。ましてや日本全国に広がったアメリカザリガニを根絶することは、現時点では不可能でしょう。でも、日本の水辺生態系を守るためにも、一般への啓発に加え、地域ごとでの駆除や、これ以上の分布の拡大を防ぐことは急務であると言えます。特に、まだ生息していない地域にこのアメリカザリガニを放すことは絶対にやめてください。

とは言うものの、ウシガエルのエサとして日本に連れてこられ、ある時はペットとしてかわいがられ、またある時は悪者扱いされるこのアメリカザリガニこそ、一番の被害者なのかもしれません。彼らはただ単に人間の都合で日本に連れてこられ、そこで生きているだけなのです。

アメリカザリガニ

## ●ヨコエビの仲間　ハマトビムシ科

**生息環境**：あぜ道の湿った場所や落ち葉の下

体長は 8 ㎜ほどで、体型は細長く側扁しています。体色は灰褐色や黄褐色をしています。ヨコエビと名がついていますが、エビ（十脚目）ではなく、端脚目というグループに属しています。ハマトビムシの仲間はあまり水の中には入りませんが、かなり湿った場所を好みます。驚くと、跳ねて逃げます。落ち葉などを食べる分解者として知られます。

## ●ミズムシ　ミズムシ科

**生息環境**：田んぼや、水がわずかに流れ込んでいる水たまり

体長は 8 ㎜ほどで、体型は細長く扁平です。体色は灰褐色や黄褐色をしています。フナムシやダンゴムシと同じ等脚目に属しています。汚れた水にも住めることから、水質汚濁の指標生物とされていますが、湧水や山間部の池など汚濁が進んでいない場所でも見られます。落ち葉や泥の表面で生活しており、有機物を食べています。

### コラム4：ミズムシの話題①　いろんなミズムシ

ミズムシと聞いて、みなさんは何を思い浮かべますか？多くの方は、足の裏などにできる皮膚病としての水虫を思い浮かべるかもしれません。

しかし、水辺にもいくつかの「ミズムシ」がいます。このページで紹介されている甲殻類のミズムシもそのひとつです。また、水生カメムシにも「ミズムシ」と呼ばれるものがいます。種としての「ミズムシ」は神奈川県には生息していませんが、この名古木の田んぼにも、ヒメコミズムシとエサキコミズムシというミズムシの仲間が生息しています（97 ページに紹介しています）。

北海道や東北地方に産する水生カメムシの「ミズムシ」（写真は青森県産）

日本語における生き物の名前は和名と呼ばれますが、それには厳密なルールがありません。したがって、1 つの種に複数の名前が付いたり、もしくはこのミズムシのように複数の種に同じ名前が使われたりすることがしばしば見受けられます。

### コラム5：ミズムシの話題②　色素変異のミズムシが見つかりました

2021年1月3日のこと、ドン会が管理している田んぼで生き物を調査している際に、多数のミズムシに混じって白いミズムシが見つかりました。前のページの個体と見比べても色が白いのが分かるかと思います。哺乳類では、メラニンと呼ばれる色素が欠乏する個体はアルビノと呼ばれ、様々な種で確認されています。この白いミズムシがアルビノに相当するのかは分かりませんが、甲殻類でもまれに色素変異の個体が出現することが知られています。

名古木の田んぼで見つかった色素変異のミズムシ

## ●カイミジンコの仲間

カイミジンコ科

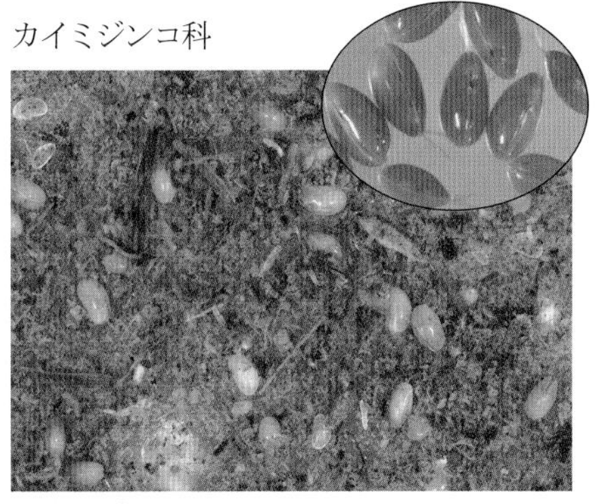

**生息環境**：田んぼ

種は明らかではありませんが、名古木で見られるカイミジンコの仲間の大きさは大きくても1.5㎜ほどで、オレンジ色をしています。体は、ふくらみのある左右2片の殻で完全に包まれており、二枚貝によく似た形をしています。泥の上を這うようにして泳ぎ、時には田んぼの底がオレンジ色に見えるくらいに群れていることがあります。ミジンコと名が付いていますが、カイムシ亜綱というグループに属し、ミジンコとは分類上は離れています。

## ●ケンミジンコの仲間

キクロプス科

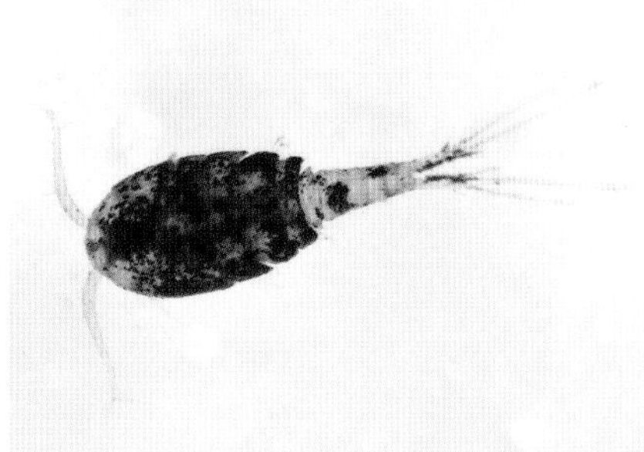

**生息環境**：田んぼ

種は明らかではありませんが、名古木で見られるケンミジンコの仲間の大きさは2㎜ほどで、淡褐色をしています。体は紡錘形で1対のよく目立つ触角があります。この仲間もミジンコと名が付いていますが、カイアシ亜綱というグループに属し、ミジンコやカイミジンコとは分類上は離れています。

## ●コガシラミズムシ

コガシラミズムシ科

**生息環境**：田んぼや池

体長は 3.5 ㎜ほどで、体型は逆卵形であり、ふくらみは強いです。体全体は黄褐色で、上翅には窪みのある黒色の模様が並んでいます。全国的に見れば普通種ですが、神奈川県では近年少なくなっています。

## ●コツブゲンゴロウ

コツブゲンゴロウ科

**生息環境**：田んぼや池の水草が多い場所

体長は 4 ㎜ほどで、体型はやや長めの逆卵形であり、背面はよくふくらんでいます。体全体はツヤがあり体は褐色です。神奈川県では産地は極めて限られています。名古木では 2015 年以降に急に見られるようになりました。

## ●チビゲンゴロウ

ゲンゴロウ科

**生息環境**：田んぼの水草が少なく明るい場所

体長は 2 ㎜ほどと小さく、体型は長楕円形です。上翅の地色は暗褐色ですが、複雑な黄色の模様があります。小さいために、あまり目にすることはありませんが、全国的に普通種で個体数も多いです。

## ●コマルケシゲンゴロウ

ゲンゴロウ科

**生息環境**：田んぼや池の枯死体が多い場所

体長は 2.0 ～ 2.5 ㎜で、体型は卵型をしていて、ふくらみは強いです。体は褐色です。神奈川県内では数か所で確認されている程度です。名古木では 2011 年に初めて発見されました。2014 年以降は個体数を増やしている印象があります。

## ●マメゲンゴロウ　ゲンゴロウ科

**生息環境**：田んぼや湿地の水草の多い場所

体長は7㎜ほどで、体型は平たく楕円形をしています。頭部と前胸背（上から見て、頭部と翅の間の部分）は黒く、上翅は暗褐色です。全国的に普通種ですが、名古木においては、個体数はそれほど多くはありません。

## ●ヒメゲンゴロウ　ゲンゴロウ科

**生息環境**：田んぼや池

体長は11㎜ほどで、体型は平たく楕円形をしています。体色は黄褐色で、写真では分かりにくいですが、前胸背には黒く横に長い菱形の模様があるのが特徴です。全国的に普通種で、名古木においても個体数は多く、田んぼや池など様々な場所で見られます。

## ●ハイイロゲンゴロウ　ゲンゴロウ科

**生息環境**：田んぼの水草が少なく明るい場所

体長は10～16㎜ほどで、体型はややふくらみがあり、卵形をしています。背面は灰黄褐色で、黒色の模様があります。全国的に普通種で、他のゲンゴロウ類と比較して盛んに飛翔する性質があります。

## ●コシマゲンゴロウ　ゲンゴロウ科

**生息環境**：田んぼや池

体長は10㎜ほどで、体型はやや平たく卵形をしています。頭部と前胸背は黄褐色であり、上翅には黒色と黄色の縞模様があります。全国的に普通種ですが、やや減少傾向にあります。名古木においては、今も普通に見られます。

## ●シマゲンゴロウ　ゲンゴロウ科

**生息環境**：田んぼ

体長は 13 ㎜ほどで、体型は卵形をしています。体全体は黒色で、上翅には黄色の 4 本の帯と 2 つの円紋があります。神奈川県では現在は分布が非常に限られています。名古木においては、2012 年の記録を最後に確認されていません。

## ●クナシリシジミガムシ　ガムシ科

**生息環境**：田んぼ

体長は 3 ㎜ほどです。体型は円形で、背面はよくふくらんでいます。頭部と前胸背は緑色を帯びた褐色、上翅は黄褐色で不明瞭な暗色の紋があります。主に東日本以北に分布し、神奈川県では産地は多くはありませんが、名古木では普通に見られます。

## ●キベリヒラタガムシ　ガムシ科

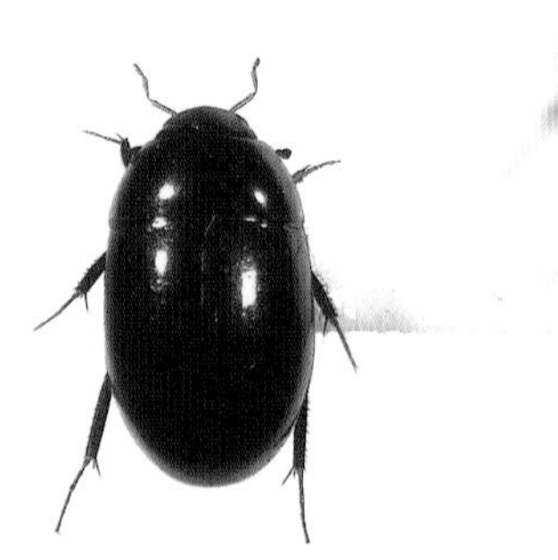

**生息環境**：田んぼわきの湿地

体長は 5.5 ㎜ほどです。体型は楕円形で、背面はふくらんでいます。体は全体が黒色ですが、前胸背の周縁は黄褐色をしています。田んぼではほとんど見ることはありませんが、周辺部の湿地にある、うす暗くて落ち葉が堆積している場所に生息しています。

## ●キイロヒラタガムシ　ガムシ科

**生息環境**：田んぼ

体長は 5 ～ 6 ㎜ほどで、体型は楕円形で、背面はふくらんでいます。体は全体が黄褐色ですが、頭部や前胸背は暗色の部分が多いです。極めて普通種で、名古木の棚田だけでなく、様々な止水環境で見ることができます。

## ●ヒメセマルガムシ　ガムシ科

**生息環境**：田んぼわきの湿地

体長は4㎜ほどです。体型はやや細長い球形で、背面はよくふくらんでいます。体全体は黒色でツヤがあります。　浅い湿地に生息し、泳ぎは得意ではありません。田んぼ、周辺部の湿地にある、うす暗くて水生植物が豊富な場所に生息しています。

## ●コガムシ　ガムシ科

**生息環境**：田んぼ

体長は16～18㎜ほどです。体型は長楕円型であり、背面はよくふくらんでいます。体全体はツヤのある黒色ですが、脚は赤褐色をしています。平地に多く、名古木の田んぼでは個体数は多くはありません。

## ●ヒメガムシ　ガムシ科

**生息環境**：田んぼや湿地

体長は9～11㎜ほどです。体型はやや細長い楕円型であり、背面はよくふくらんでいます。体全体はツヤのある黒色ですが、脚は赤褐色をしています。　全国的に極めて普通種で、名古木でも多くの個体を見ることができます。

## ●ガムシ　ガムシ科

**生息環境**：田んぼ

体長は4㎝ほどと極めて大きく、体型は長楕円型であり、背面はよくふくらんでいます。現在、神奈川では生息が確認されている地域がなく絶滅が危惧されています。写真は2008年5月4日に撮影された個体で、県内での確実な最後の記録です。

## ●トゲバゴマフガムシ　ガムシ科

**生息環境**：田んぼ

体長は 4 ㎜ほどです。体型は長楕円形で、背面はよくふくらんでいます。体は黄褐色で、不明瞭な黒色の紋があります。また、上翅末端にはトゲ状突起があります。日当たりの良い開放的な場所を好み、よく泳ぎまわります。

## ●マメガムシ　ガムシ科

**生息環境**：田んぼ

体長は 4 ㎜ほどです。体型は逆卵型で、背面は著しくふくらんでいます。体は一様に黒色です。近年、天敵のカエルに丸のみされても、本種は硬い翅で消化液から体を守りながらお尻の穴から脱出する能力を有することが明らかになり、話題となりました。

### コラム6：採集道具小話①　タモ網

タモ網とは、柄を備えた硬質の枠に袋状の網を取り付けたもので、主に魚類やエビカニなど水生生物の採集に用いる道具です。基本的な使い方は非常に簡単で、それこそ老若男女が使うことができますが採集者の技量によって、採れる種類や数は大きく異なってきます。また、採集場所やターゲットによって、柄の長さ、枠の大きさや形、網の深さや目あいなどを変えたタモ網を用意しておくと、効率的に採集することができます。

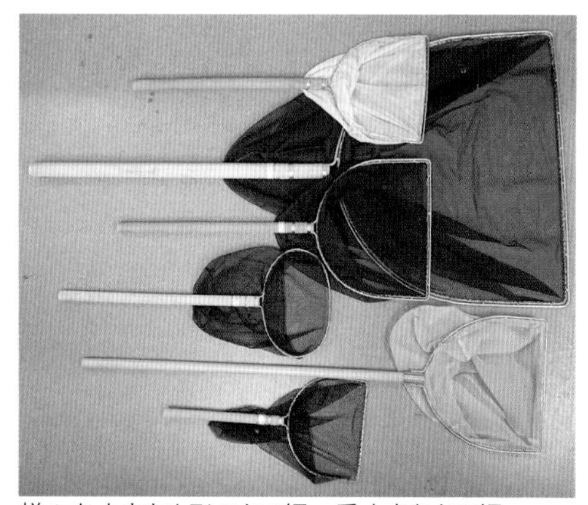

様々な大きさや形のタモ網一番大きなタモ網の枠の幅は 80 ㎝もあります

## ゲンジボタルの幼虫　ホタル科

**生息環境**：沢

終齢幼虫の体長は30㎜ほどで、体型はやや平たく、体の脇には突起が並びます。主にカワニナを捕食しています。成虫は6～7月ころに出現し、夜間に発光しながら飛翔します。

### コラム7：ゲンジボタルとヘイケボタルは変わり者

ホタルと聞けば、おそらく「幼虫は清い水にすみ、光る虫」いうイメージをお持ちの方が多いのではないでしょうか。ところが、ホタルのほとんどの種は幼虫の時に陸上で生活し、また発光する種も限られています。つまり、ホタルの仲間の多くは幼虫の時に清い水の中で生活しているわけでもなく、光らないもののほうが多いのです。したがって、ゲンジボタルやヘイケボタルは私たちにとって非常に有名な存在ながら、ホタルの中では非常に変わり者と言えます。

**沖縄県石垣島で見つけたマドボタルの仲間の幼虫**　最初に見つけた時には「ホタルの幼虫が陸にいる！」と驚きましたが、実際にはこちらの方が多数派なのです

## ヘイケボタルの幼虫　ホタル科

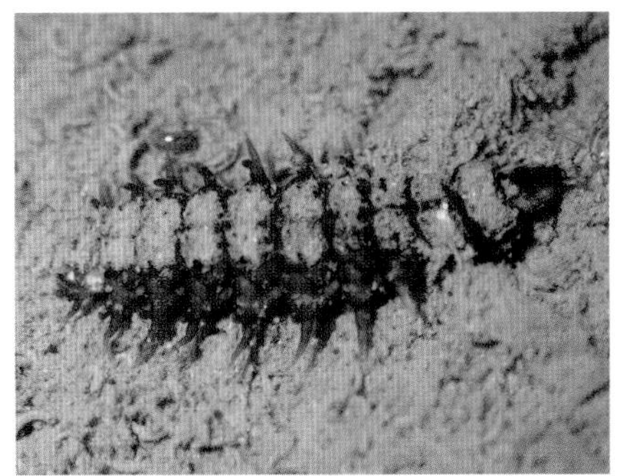

**生息環境**：田んぼ

ゲンジボタルの幼虫に似ていますが、体長はより小型で、写真の個体では泥をかぶっていてわかりにくいですが、体の模様も異なります。主にモノアラガイなどの淡水巻貝を捕食しています。成虫は6～8月ころに出現し、夜間に発光しながら飛翔します。

## イネネクイハムシ　ハムシ科

**生息環境**：田んぼや田んぼの周りの草地

体長は7㎜ほどで、上翅は褐色を帯びた金属光沢があります。夏に出現し、田んぼや周囲の草地で短い距離を頻繁に飛び回っています。全国的には普通種ですが、神奈川県では産地は限られています。名古木では多くの個体が見られます。

## ●ガガンボの仲間の幼虫

ガガンボ科

**生息環境**：田んぼや沢

ガガンボの仲間は、多くが幼虫期に水中で生活します。大きいもので 5 cm ほどです。主に植物や植物の枯死体を食べています。なお、成虫はカ（蚊）を大きくしたような姿をしていますが、血を吸うことはありません。

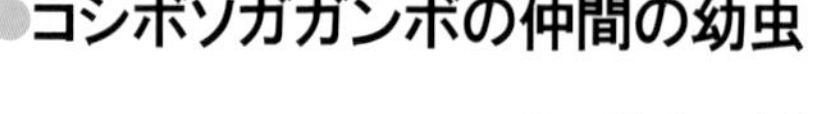

## ●コシボソガガンボの仲間の幼虫

コシボソガガンボ科

**生息環境**：田んぼ

コシボソガガンボの仲間も、多くが幼虫期に水中で生活します。写真の個体は 4 cmほどです。後端に伸縮自在の細長い呼吸管があり、その先端を水表面に出して呼吸します。主に腐食物を食べています。

## ●ミズアブの仲間の幼虫

ミズアブ科

**生息環境**：田んぼ

ミズアブの仲間は、一部が幼虫期に水中で生活します。大きいもので 5 cm ほどです。体はやや扁平で脚はなく、ほとんど動きません。主に藻類や腐食物した有機物を食べます。

## ●アブの仲間の幼虫

アブ科

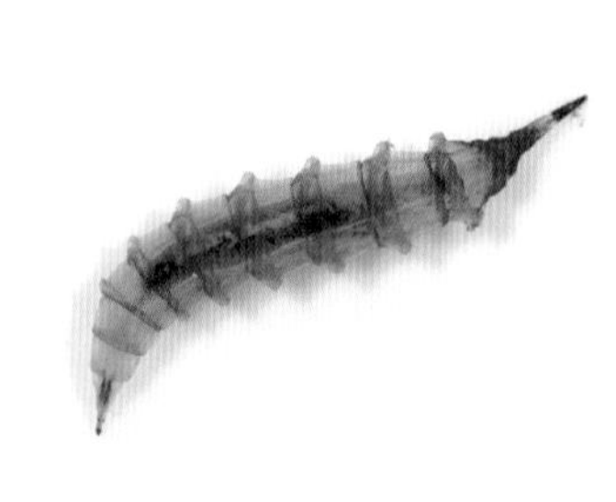

**生息環境**：田んぼ

アブの仲間も、一部が幼虫期に水中で生活します。名古木の田んぼに何種が生息しているのかは不明ですが、写真の個体は 1.5 cmほどです。長円筒形で頭部と尾部はとがり、脚はありません。肉食性と考えられています。

## ●タイコウチ　タイコウチ科

**生息環境**：田んぼ

体型はやや細長く扁平で、体色は淡褐色から灰褐色をしています。尾部には長い呼吸管を有し、その先端を水面に出して空気呼吸します。呼吸管をのぞく体長は3～4㎝ほどです。他の小昆虫やカエル幼生などを捕えて体液を吸汁します。

### コラム8：タイコウチの卵

タイコウチは、初夏のころに湿った土の上にまとめて卵を産みます。卵には7～12本（主に8～10本）の糸状突起があり、これは卵の呼吸に役立つと考えられています。

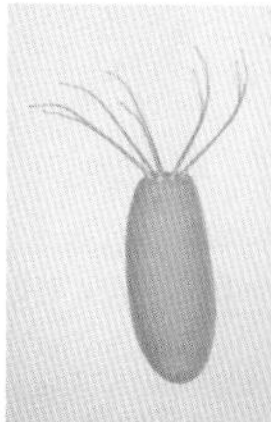

**左**：湿った土の上で確認されたタイコウチの卵。30個ほどが産み付けられている
**右**：タイコウチの卵。この卵には9本の糸状突起が確認できる

### コラム9：タイワンタイコウチへのマーキング

2019年5月より、ドン会が管理している田んぼのタイコウチの個体数や幼虫の出現状況を調べています（2021年夏ごろ終了予定）。この際、見つけた成虫にはペイントマーカーによるマーキングをしています。マーカーの色と位置で個体識別できるようにすることで、再捕獲した際に、この個体がいつマーキングされた個体なのかが分かります。ちなみに2021年7月の時点で829個体にマーキングしました。

この結果から、夏から秋に成虫になった成虫は冬を越し、翌年の夏ころに繁殖して死亡することが明らかとなっています。ちなみに下の2枚の写真は同一個体で、約10カ月間に5回も再捕獲（最初にマーキングされた時も含めると6回）されています。

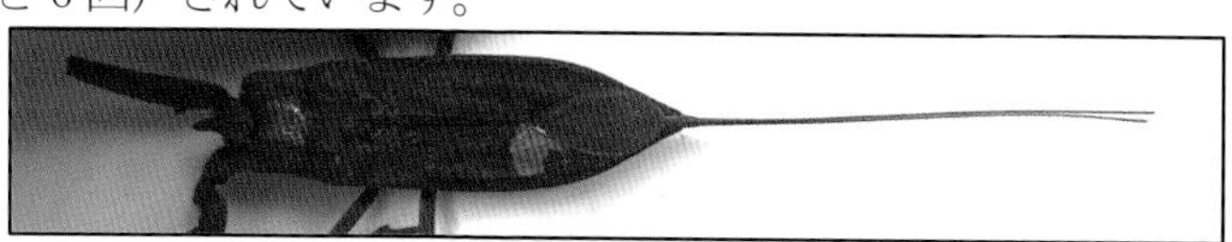

最初に発見されマーキングした直後に撮影（2019年10月18日）

最後に確認された際に撮影（2020年8月3日撮影）

## ●ミズカマキリ　タイコウチ科

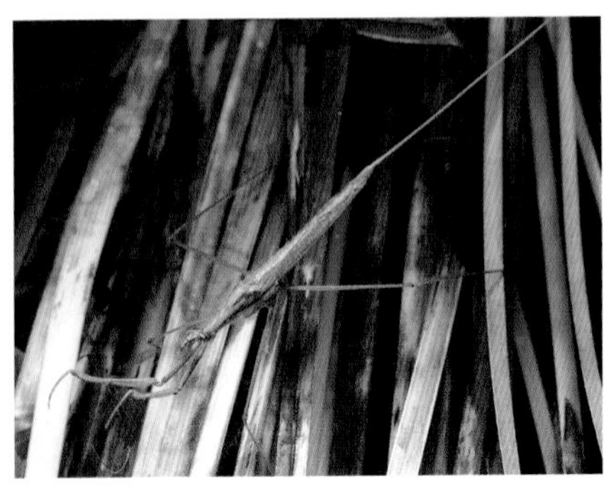

**生息環境**：田んぼや池

体型は著しく長い円筒形で、体色は褐色もしくは黄褐色をしています。尾部には体長と同じくらいの呼吸管があります。呼吸管をのぞく体長は 4 cmほどです。名古木では飛来してきた個体が時々見つかるくらいです。

## ●オオコオイムシ　コオイムシ科

**生息環境**：田んぼ

体長は 20 mmほどで、体型は扁平で楕円形をしています。体は濃い褐色をしています。名古木の中でも、本種が普通に生息している田んぼと、ほとんど見られない田んぼとがあります。ドン会が維持している田んぼではなぜかごくまれに姿を見せる程度です。このことから、移動能力はあまり高そうではないと考えられます。

### コラム10：卵を世話するオオコオイムシ

コオイムシの仲間は、メスがオスの背中に卵を産み付けるという変わった習性があり、それが子負虫の名の由来となっています。孵化するまでの数週間、オスは卵が乾燥したり窒息したりしないよう世話しながら卵を守ります。なお、オスが卵を世話することは、昆虫の中ではかなり珍しいことなのです。

卵を背負うオオコオイムシのオス（写真は新潟県産）

## ●ヒメコミズムシ　ミズムシ科

**生息環境**：田んぼや湿地の浅くてわずかに流れがあるような場所

体長は４㎜ほどです。体型はやや細長く、体は黄褐色で、前胸背には７～８本の黒い横帯と上翅には複雑な黒い模様があります。名古木では個体数は少なく、特に近年はあまり見ることができません。

## ●エサキコミズムシ　ミズムシ科

**生息環境**：田んぼの開放的で日当たりの良い場所

体長は５～６㎜ほどです。体型は細長く、体は黄褐色で、前胸背には７～８本の黒い帯様と上翅には複雑な黒い模様があります。全国的に普通種で、名古木でも多くの個体を見ることができます。

## ●メミズムシ　メミズムシ科

**生息環境**：田んぼ脇の湿った場所

体長は４～５㎜ほどです。体型は楕円型で扁平です。体はツヤのない黒色で、灰色の細かい斑紋があります。名古木では普通に見られ、湿った泥の上をトコトコと歩く姿が観察されますが、驚くとよく跳ね、短い距離を飛んで逃げます。

## ●マツモムシ　マツモムシ科

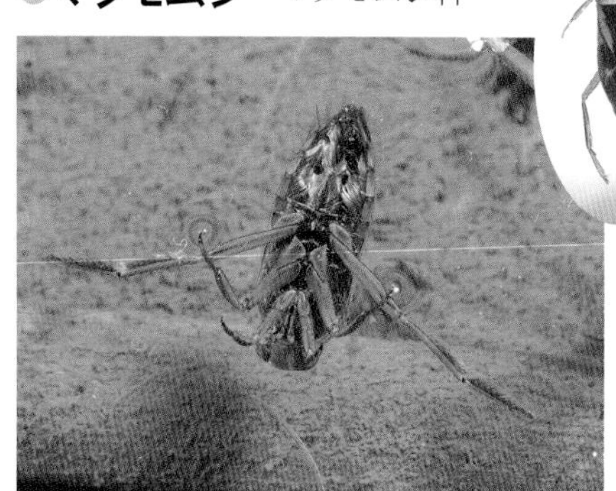

**生息環境**：田んぼや池の開放的な場所

体長は12～14㎜ほどです。体型は円筒に近い逆三角形をしています。上翅は黒色ですが、斜めの黄色い模様があります。名古木では普通に見られ、水面下で腹面を上にして浮いている姿が観察されます。

## ●ケシミズカメムシ

ケシミズカメムシ科

**生息環境**：田んぼ脇の湿った場所

体長はとても小さく 2 ㎜ほどです。体は赤褐色～黒褐色をしています。とても小さいために目にする機会はほとんどありませんが、よく探すと湿った泥の上をゆっくりと歩行している姿が観察できます。

## ●ケシカタビロアメンボ

カタビロアメンボ科

**生息環境**：田んぼや湿地

体長はとても小さく 2 ㎜ほどです。体は赤褐色～刻褐色で、灰青白色の微毛による模様があります。とても小さいために目にする機会はほとんどありませんが、よく探すと水面に浮かぶ多数の個体を観察できます。

## ●ヒメイトアメンボ　イトアメンボ科

**生息環境**：田んぼ

体長は 8 ～ 10 ㎜ほどです。体は極めて細長く棒状です。細くて小さいためにあまり目立ちませんが、水草やイネをそっとかき分けたあと、水面をじっと観察すると、水面を歩いて逃げる本種を確認することができます。

## ●アメンボ　アメンボ科

**生息環境**：田んぼの日当たりがよく開放的な場所

体長は 11 ～ 16 ㎜ほどです。体型は細長く、体は黒色もしくは黒褐色です。日当たりのよい開放的な水面を好みます。普通種ですが、名古木では開放的な水面がある水域が少ないために、あまり目にする機会はありません。

## ●ヒメアメンボ　アメンボ科

**生息環境**：田んぼの日当たりがよく浅い場所

体長は9～11㎜ほどでアメンボよりも小さく、体型もやや寸詰まりです。体は灰色がかった褐色をしています。水深の浅い場所を好みます。名古木での個体数は多く、田んぼで見られるアメンボのほとんどはこのヒメアメンボです。

## ●コセアカアメンボ　アメンボ科

**生息環境**：薄暗い池や湿地

体長は11～16㎜ほどです。体は暗褐色～暗赤褐色をしています。開放的な場所ではほとんど見ることがなく、名古木では、日当たりの悪い池や、草が茂った湿地にある小規模な水域で見ることができますが、個体数は多くありません。

## ●ヤスマツアメンボ　アメンボ科

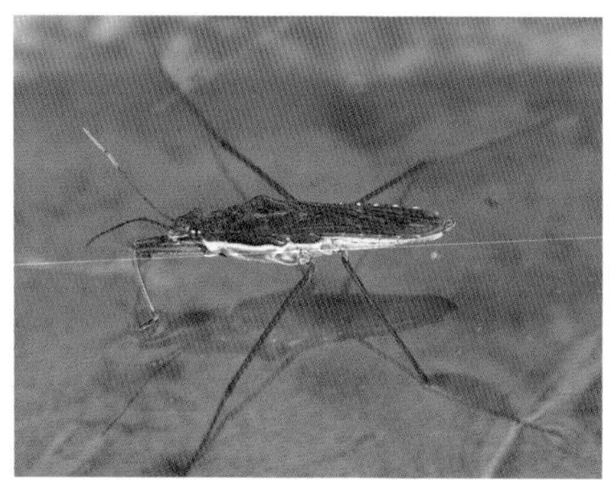

**生息環境**：湿地

体長は9～14㎜ほどです。体は暗赤褐色～黒褐色をしています。開放的な場所ではほとんど見ることがなく、名古木では、草が茂った湿地にある小規模な水域で見ることができます。コセアカアメンボとはよく似ていますが、本種のほうがやや小型です。

## ●オオアメンボ　アメンボ科

**生息環境**：薄暗い池

体長は大きく、19～27㎜ほどです。名古木では、うす暗い池で見ることがありますが個体数は多くありません。なお、今回の自然環境調査では本種を確認することはできませんでしたので、別ページで紹介しました成果には含まれていません。

## エサキアメンボ

アメンボ科

**生息環境**：抽水植物が茂っている湿地

体長は８～10㎜ほどです。体型は他種よりもより細長く、繊細なイメージのアメンボです。全国的にまれな種で、抽水植物が茂る閉鎖的な環境を好みます。名古木では、これまで２個体しか確認されていません。

## シマアメンボ

アメンボ科

珍しい翅のあるタイプ

**生息環境**：沢

体長は５～７㎜ほどです。体型は丸く、体は暗褐色で、その名の通り黒い縞模様があります。多くの個体では翅はありませんが、まれに翅のあるタイプが出現します。流水域に生息しています。

### コラム11：採集道具小話②　吸虫管

吸虫管（きゅうちゅうかん）とは、筒状のガラス容器（もしくはプラスチック容器）にチューブを取り付けたもので、主に微小な昆虫を採集するときに用います。チューブの先端を口でくわえ、息を吸い込むことで、容器の中に虫を採り込みます。なお、容器内のチューブを取り付けた側にメッシュを挟むことで、採集した虫を口の中まで吸い込まない仕組みになっています。

この吸虫管を使うと、指でつまもうとすると傷ついたり、跳ねたり飛んだりして逃げられやすいような微小な昆虫を、傷つけずに効率よく採集することができます。一般にはあまり知られていませんが、昆虫採集においては非常に便利な道具なのです。

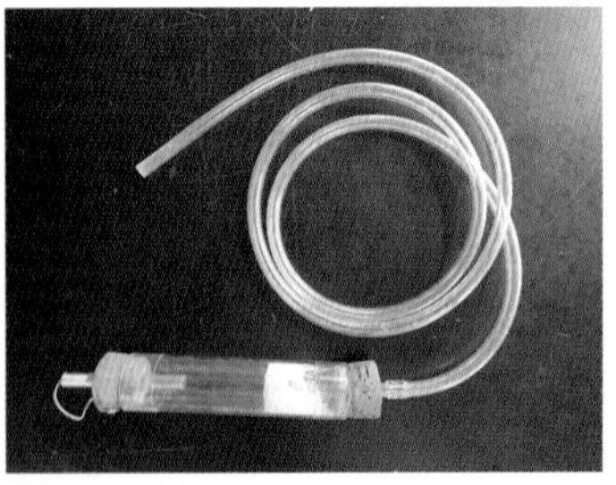

吸虫管

網の中の昆虫を吸虫管で集めているところ

## ●モンシロミズギワカメムシ

ミズギワカメムシ科

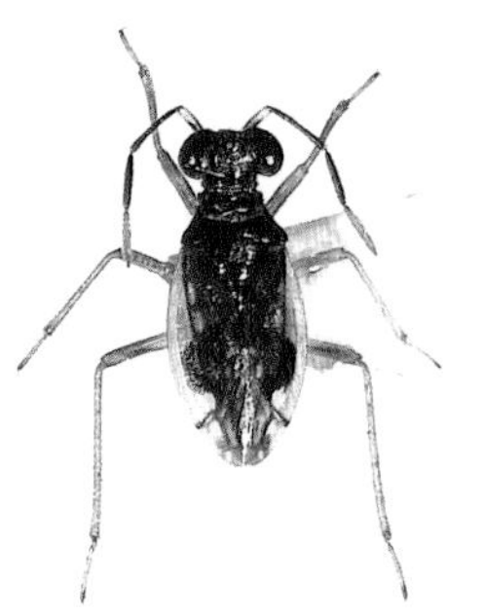

**生息環境**：草が茂っている場所の湿った土の上

体長は3～4㎜ほどです。翅の後方部両脇に白い斑紋があり、それが和名の由来となっています。草が茂っている湿った土の上に生息しています。名古木では個体数は多くありません。

## ●ミズギワカメムシの仲間

ミズギワカメムシ科

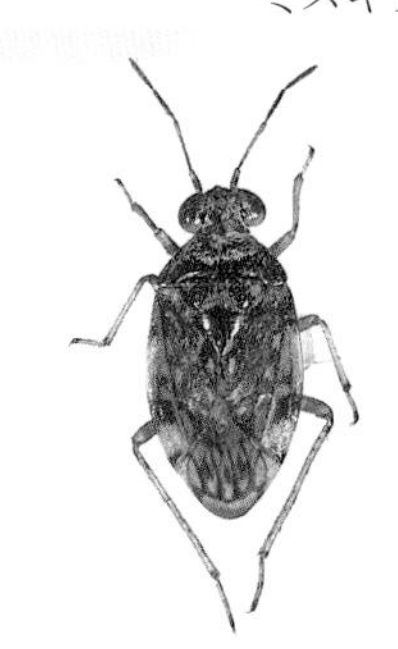

**生息環境**：日当たりがよい湿った土の上

種の判別が容易な上記2種のほかにも名古木にはミズギワカメムシの仲間が生息しています。この仲間は種の判別が難しいことから、ここでは明らかにしませんが、複数種が見られるようです。

## ●トゲミズギワカメムシ

ミズギワカメムシ科

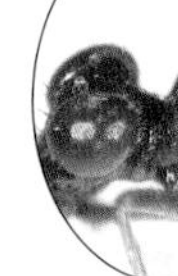

1対の
トゲ状突

**生息環境**：田んぼの畔や湿地の湿った土の上

体長は2.5～3.5㎜ほどです。本種にも翅に白い斑紋がありますが、本種の特徴は前胸背にある1対のトゲ状の突起であり、それが和名の由来となっています。湿った土の上に生息しています。

### コラム12：神奈川県初記録のトゲミズギワカメムシ

ドン会からの助成を受けて実施された自然環境調査における成果の一つに、このトゲミズギワカメムシの発見があります。種数がそれほど多くはない水生カメムシにおいて、これまで神奈川県で未記録であった種がここ名古木で見つかったことはとても驚きでした。

名古木で見つかったトゲミズギワカメムシ

## ●フタバカゲロウの仲間の幼虫

コカゲロウ科

**生息環境**：田んぼ

カゲロウ目の幼虫はすべて水生で、その多くが流水域に生息しますが、この仲間は水田や池沼などの止水域に生息しています。体型は円筒型をしていて、3 本の尾毛を備えています。なお、幼虫がアリジゴクの名で知られるフタバカゲロウは脈翅目に属していて、カゲロウ目とは全く別のグループです。

## ●オナシカワゲラの仲間の幼虫

オナシカワゲラ科

**生息環境**：田んぼ

カワゲラ目の幼虫はすべて水生で、その多くが流水域に生息していますが、オナシカワゲラの仲間の一部は、水田にも見られます。体長は 1.5 cmほどで、体型は細長くやや扁平であり、2 本の尾毛を備えています。あまり泳がず、落ち葉や水草にしがみついていることが多いです。

### コラム13：採集道具小話③　プラスチック製密閉容器

100 円ショップなどでもよく売られているプラスチック製の密閉容器は、一般的には食品の一時保管に用いられますが、採集時の生物を活かしたまま一時保管する容器としても使い勝手がよいものです。その際、採集する生き物の大きさや個体数に合わせ、様々な大きさの容器を用意しておくと便利です。購入時には、水漏れしないように密閉性の高いものを選ぶことをお勧めします。これらの容器は、私にとっては今ではすっかり採集道具であるという認識になってしまいました。

様々な大きさのプラスチック製密閉容器

採集時の容器としてだけではなく、飼育容器としても使用できます

## コラム14：夜の田んぼ

田んぼに住む生き物たちの様相は、昼と夜ではかなり異なります。名古木においては、初夏のころ夜間に出かけてみると、ゲンジボタルやヘイケボタルが飛び交うなか、カエルの大合唱が出迎えてくれます。田んぼにおりれば、明るい時間には隠れていたアカハライモリや各種のカエル、ドジョウなどを簡単に見つけることができます。タイコウチや各種のゲンゴロウなども、明るい時間にはどこにいたのか、と思うくらいに活動しています。真っ暗い中、ヘッドライトの明かりに浮かび上がる生き物を観ているとつい時間を忘れてしまうほどです。とは言っても、昼に比べて夜は危険が多いことは間違いありません。ここのところ急増しているイノシシにはよく出会います。ある時は、座り込み、ヘッドライトを下に向けて作業していたのでお互い気が付かず、ふと顔を上げたら至近距離まで近づいてきていて、私も驚きましたが、イノシシもびっくりして跳ねるように逃げて行ったこともありました。また、近年はめったに出会うことのないマムシがいたこともあります。

なお、これは昼夜に限ったことではありませんが、田んぼでの調査や観察には地権者や管理者に事前に一報するとともに、何かあった時のためにも、特に夜間は一人では出かけないようにしましょう。

夜間観察の様子

夜間、のどをふくらませて鳴くニホンアマガエル

夜間に観察されたタイコウチ。繁殖期にはメスの背中にオスが乗っています。写真は、メスの上にオスが、さらにその上にもう 1 個体のオスが乗りかかり、計 3 個体が重なっている珍しい様子です

ドン会が管理する田んぼにて、夜間観察の際に現れたマムシ

## ●クロスジギンヤンマの幼虫（ヤゴ）

ヤンマ科

**生息環境**：田んぼや池

　ヤンマ科のヤゴはやや細長い体をしているのが特徴です。体長は終齢幼虫で 5 cmほどです。ほかのヤゴと比べると体が柔らかく、つかまえると体をくねらせ、毒はありませんが、腹部の先にあるトゲで刺してきます。

## ●ヤマサナエの幼虫（ヤゴ）

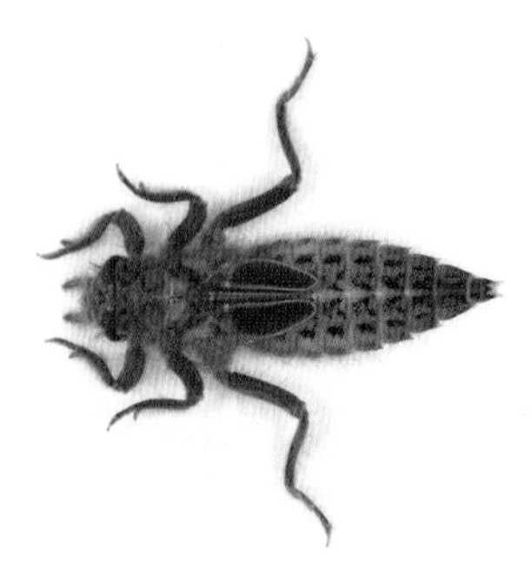

サナエトンボ科

**生息環境**：沢

　サナエトンボ科のヤゴは平たく、触覚が太いのが特徴です。体長は終齢幼虫で 4 cm弱ほどです。田んぼでは見られず、沢の泥底に隠れています。動きは遅く、つかまえてもゆっくりとモゾモゾ動くくらいです。

## ●ミルンヤンマの幼虫（ヤゴ）

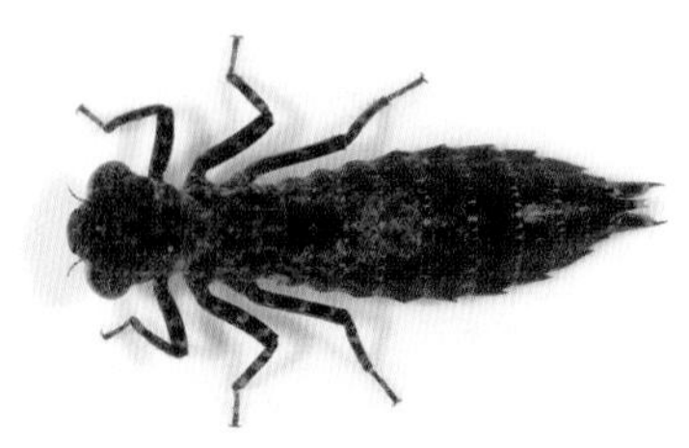

ヤンマ科

**生息環境**：沢

　体長は終齢幼虫で 4 cmほどです。体は黒褐色で細かい濃淡の模様があります。田んぼでは見られず、沢にある植物の根や落ち葉などにしがみついています。動きは緩慢で、つかまえると脚を閉じて死んだふりをします。

## ●オニヤンマの幼虫（ヤゴ）

オニヤンマ科

**生息環境**：沢

　オニヤンマ科のヤゴは太短くて毛深く、頭部は角ばり、脚はやや短いのが特徴です。体長は終齢幼虫で 5 cmほどです。田んぼでは見られず、沢の砂泥底に隠れています。

## ●シオカラトンボの幼虫（ヤゴ）

トンボ科

**生息環境**：田んぼや湿地

トンボ科のヤゴは太短くて寸詰まりの体型が特徴です。体長は終齢幼虫で2.5 cmほどです。泥の中に隠れています。オオシオカラトンボやシオヤトンボのヤゴとは背中にトゲがないことで見分けることができます。

## ●オオシオカラトンボの幼虫（ヤゴ）

トンボ科

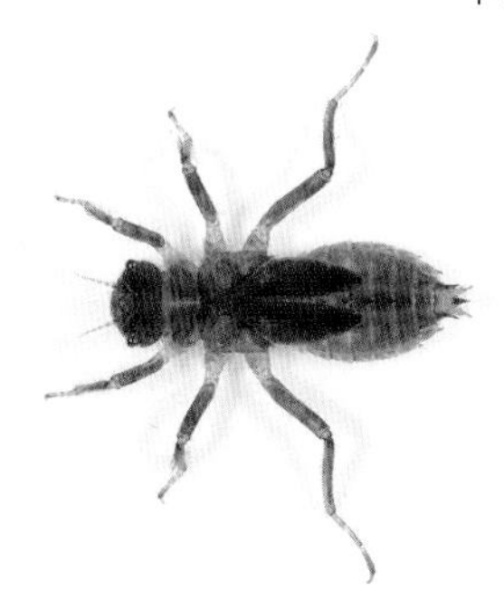

**生息環境**：田んぼや湿地

終齢幼虫は2.5 cmほどです。泥の中に隠れています。本種の幼虫の背中にはトゲがあります。ここでは詳しくは紹介しませんが、同じくトゲがあるシオヤトンボの幼虫とは、アゴの形やアゴの毛の数などで見分けます。

## ●シオヤトンボの幼虫（ヤゴ）

トンボ科

**生息環境**：田んぼや湿地

終齢幼虫は2 cmほどです。田んぼや湿地の泥の中に隠れています。本種の幼虫の背中にはトゲがあります。またシオカラトンボやオオシオカラトンボの幼虫と比べると、やや黒っぽい傾向があります。

## ●ショウジョウトンボの幼虫（ヤゴ）

トンボ科

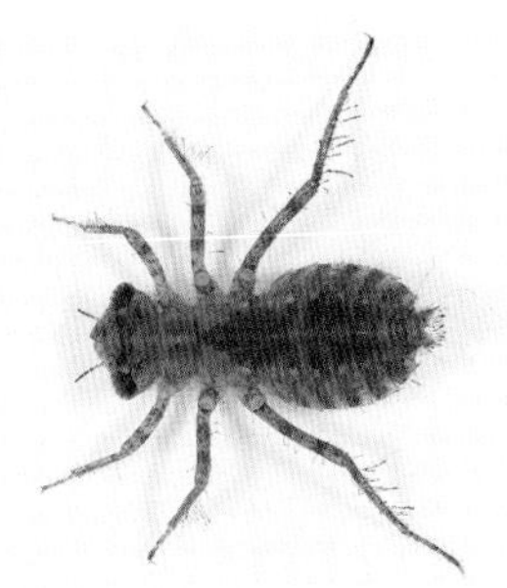

**生息環境**：田んぼや湿地

終齢幼虫は2 cmほどです。丸みを帯びた体型で、背中にはトゲはありません。なお、本種の幼虫はアカネ属（いわゆるアカトンボの仲間）の仲間と似ていますが、それらの幼虫には背中にトゲがあることで見分けられます。

## ●マルタニシ　タニシ科

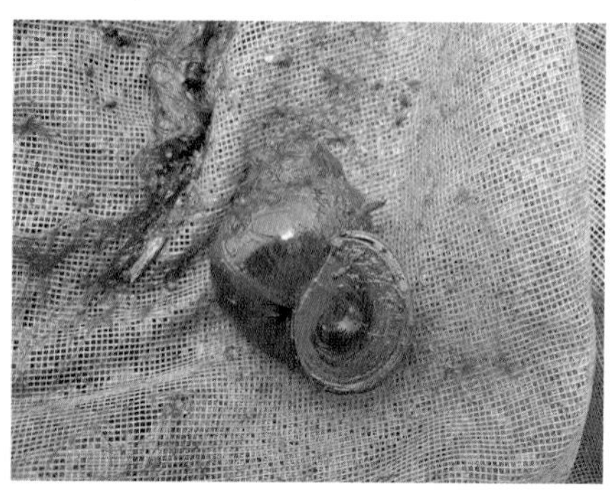

**生息環境**：田んぼ

殻の高さは 6 cmほどで、殻は茶褐色をしています。近年は各地で減少傾向にあります。神奈川県でも産地は極めて限られています。名古木では、マルタニシがいる田んぼといない田んぼがあり、ドン会が管理している田んぼでは不思議と見ることがありません。

## ●カワニナ　カワニナ科

**生息環境**：主に沢（まれに田んぼ）

殻の高さは 5 cmほどで、殻は塔型をしています。殻は黄褐色～黒褐色です。カワニナの仲間もタニシの仲間と同様に卵胎生で子どもを産み、名古木では普通に見られ、やや流れがあるところを好みます。また、ゲンジボタルの幼虫の餌としても知られています。

## ●ヒメモノアラガイ　モノアラガイ科

**生息環境**：田んぼの水深の浅い場所や、水がない泥の上

殻の高さは 2 cmほどです。触覚は偏平した三角形状で、殻は右巻きです。名古木では極めて普通に見られます。また、ヘイケボタルの幼虫の餌としても知られています。

## ●ドブシジミの仲間　ドブシジミ科

**生息環境**：田んぼ

名古木の田んぼで見られる唯一の二枚貝です。殻の長さは大きな個体でも 1 cmほどです。色は淡褐色をしています。個体数はそれほど多くはないうえに、小さく、やわらかい泥の中にいるために、気をつけて探さないと見かけることがほとんどありません。

## ●イトミミズの仲間　イトミミズ科

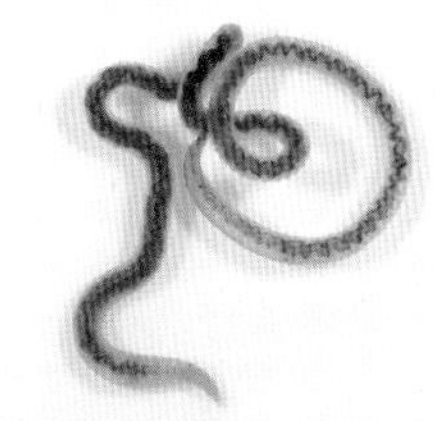
太くて大型のイトミミズ

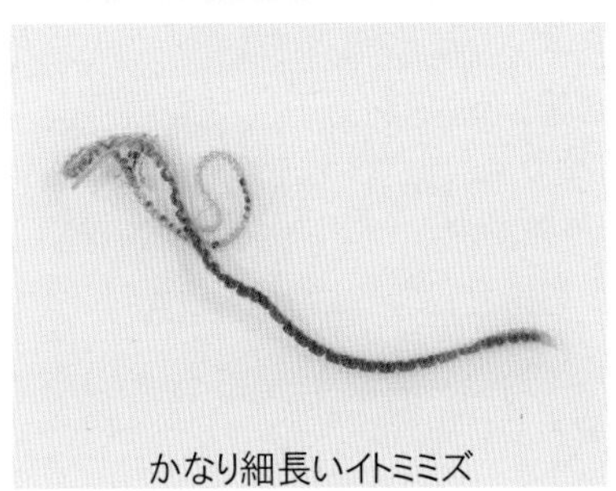
かなり細長いイトミミズ

**生息環境**：田んぼ

泥の中で生活し、尾部を水中に出してゆらゆらとゆらしながら呼吸していますが、驚くと泥の中に隠れます。名古木の田んぼでは、大きさや太さが異なる個体が見られることから複数の種が生息しているようです。

イトミミズによる水田土壌の撹拌によって、粒径の細かいシルトが土壌表面に堆積し、その結果水草の成長を抑制することが知られています。また、ドジョウやアカハライモリなど水生生物の餌としても重要で、冬季湛水や有機農法によるイトミミズの増加は、生物多様性を重視した環境保全型農業の観点から注目されています。

### コラム15：田んぼでちょっと気をつけたい虫

名古木の田んぼで気をつけたい生き物としては、毒ヘビとして知られるマムシやヤマカガシ、吸血する生物として知られるヤマビル、そのほかハチやアブ、カやブヨ、マダニなどの、刺してきたり血を吸ったりする昆虫やダニ類が挙げられるでしょう。田んぼにはそれほど危険な生物が多いわけではありませんが、これら以外にもちょっと気をつけておきたい生き物がいますのでいくつか紹介します。

まずはマツモムシです。安易に手で握ったりしますと、針状の口で刺してきます。刺された時にはハチに刺されたような痛みがあります。このほかには、うっかりつぶしてしまって体液がヒトの体につくと炎症を起こす、マメハンミョウやアオバアリガタハネカクシが知られています。特にアオバアリガタハネカクシはあぜ道の湿った場所にたくさんいます。体長は 7 ㎜と小さいですが、とても目立つ色合いをしているので、見かけたら触らないようにしましょう。

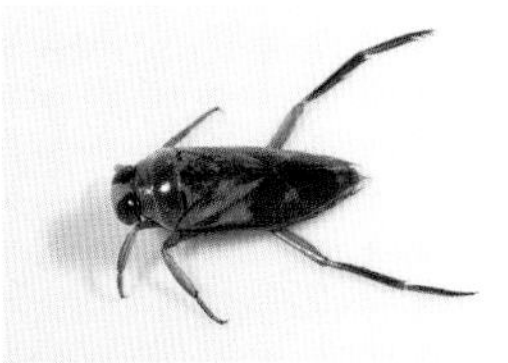
マツモムシ

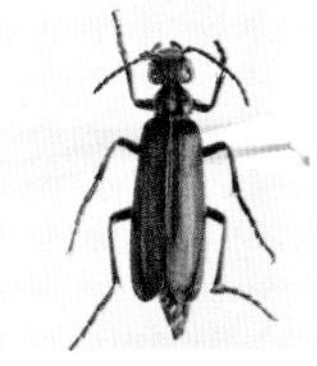
マメハンミョウ

アオバアリガタハネカクシ

## ●ハバヒロビル　グロシフォニ科

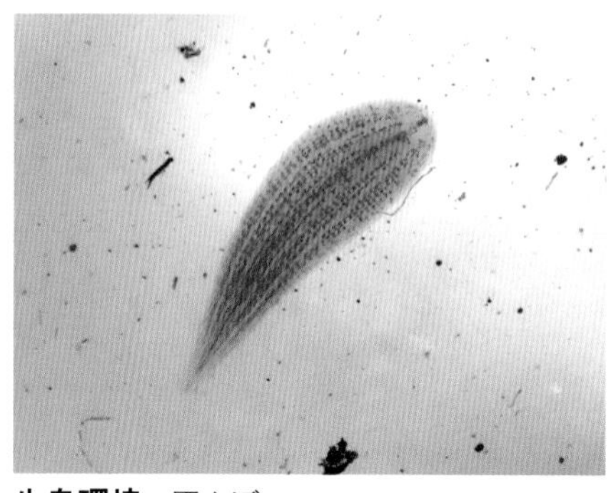

**生息環境**：田んぼ

体長は 1 cmほどです。体型は長楕円形で頭部に向かって細く、極めて扁平です。体はオレンジ色で、褐色の細かい模様があります。田んぼの泥中から見つかります。貝類を捕食し、人の血を吸うことはありません

## ●ミドリビル？　グロシフォニ科

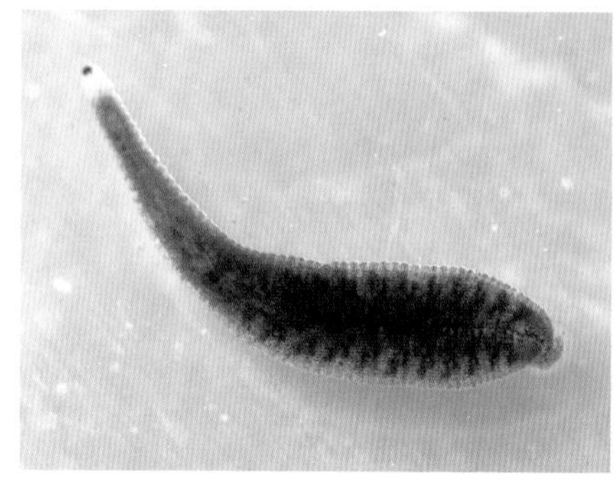

**生息環境**：田んぼ

体長 5 mmほどです。体型は長楕円型で頭部に向かって細く、かなり扁平です。寄生していたのかどうかは不明ですが、この個体はタイコウチの体表から得られました。

## ●ゴホンセスジビル　ヒルド科

**生息環境**：田んぼ

体長は 7 cmほどで、体型は細長く扁平です。体は緑色で、背面には中心部に太い黄色の線と計 4 本の細くて断続的な黄色の線があります。大型で、あざやかな色合いなので、よく目立ちます。貝類を捕食し、人の血を吸うことはありません。

## ●マネビル　イシビル科

**生息環境**：田んぼ

体長は 6 cmほどで、体型は細長くやや扁平です。体は茶色で、模様はありません。ミミズなどを捕食し、人の血を吸うことはありません。

### コラム16：ヒルの話題① ヒルは魅力的

ヒルの仲間は、姿かたちや模様が様々で、中には面白い形やきれいな模様をしている種もいます。近年は、様々なマイナーな生き物が取り上げられて人気になることが多いですが、私はこのヒルの仲間もいつかきっとブームがくると思っています。みなさんも一方的に嫌うことなく、魅力ある生き物の1つとしてヒルを観察してみてください！

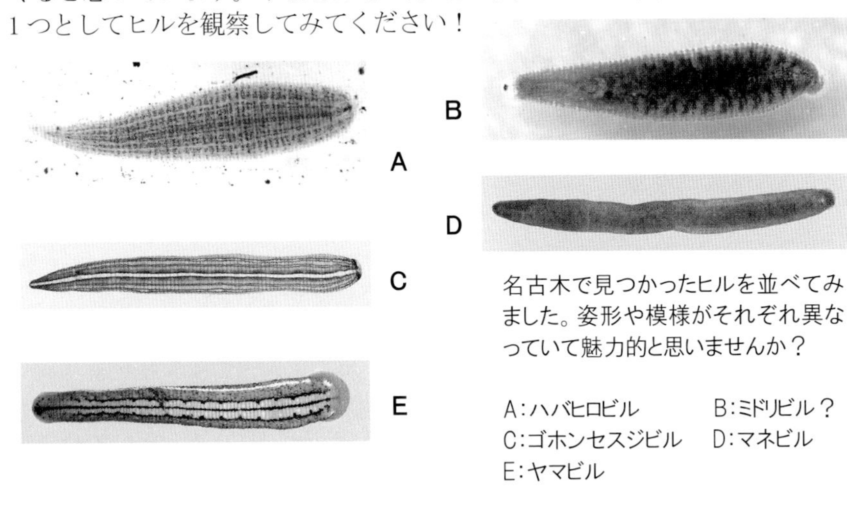


名古木で見つかったヒルを並べてみました。姿形や模様がそれぞれ異なっていて魅力的と思いませんか？

A：ハバヒロビル　B：ミドリビル？
C：ゴホンセスジビル　D：マネビル
E：ヤマビル

### コラム17：ヒルの話題② 他人の空似：コウガイビル

写真は、名古木のドン会広場で見つけたクロイロコウガイビルです。この仲間は石の下や落ち葉の下などの湿った場所に生息しています。

ヒルと名前が付いていますが、コウガイビルの仲間は、切っても体が再生することで有名なプラナリアと同じ扁形動物門に属していて、環形動物門に属するヒルの仲間とは全く異なるグループです。もちろん人の血は吸いません。ちなみに「コウガイ」とは、この仲間の姿かたちを、かつて女性が髪飾りとして用いていた笄（こうがい）に見立てたことに由来しています。

湿った地面を這うクロイロコウガイビル

## コラム18：ヒルの話題③
### 名古木の田んぼの中でヒルに血を吸われることはありません！

ヒルの仲間は、分類上ミミズやゴカイと同じ環形動物門に属する生き物です。このヒルの仲間は、一般に非常に嫌われていて、姿を見ただけでも避けられることの多い生き物です。この理由としては、「とらえどころのない動きをする」、「張りついてなかなか取れない」ということに加え、何より「人の血を吸う」というイメージが強いからでしょう。近年はここ名古木でも陸生のヤマビルが増えており、確かにこの種は吸血します。しかし、名古木の田んぼで見られる水生のヒルで人の血を吸う種を、これまで私は見たことがありません。

かつて、全国各地の田んぼには、その名もチスイビルと呼ばれる吸血性のヒルがいました。しかし、近年は全国的に減少し、今では珍しい存在になっています。私自身、全国各地に出かけていますが、チスイビルを見つけた場所は非常に限られています。名古木に、このチスイビルが過去に生息していたのかどうかは今となっては分かりませんが、少なくとも今は生息していません。もしかすると、ここ名古木だけでなく、神奈川内でもチスイビルは絶滅したのではないかと私は思っています。

なお、ヒルの仲間には体の前端と後端に吸盤があります。田んぼにすむ血を吸わないヒルが、この吸盤で単に人の体に張り付いただけで「血を吸われている」と勘違いをされる方も多く、それ以前に「ヒルは血を吸う」という先入観をお持ちの方が非常に多いために、過去にチスイビルがいたかどうかの聞き取り調査をしようにも、残念ながら信ぴょう性の高い結果を得ることは不可能に近いのが現状です。とは言え、「本物のチスイビルを神奈川県で見た！」という方はぜひご一報ください。もしそれが本当であれば、今では貴重な記録です。

**名古木産ヤマビル**　陸生のヒルで、人の血を吸います

**東北地方産のチスイビル**（しつこいようですが名古木にはいません！）水生のヒルで、人の血を吸います。赤茶色でとてもきれいなヒルです

## <主な参考文献>


●林正美（2015）エサキアメンボ．レッドデータブック 2014 －日本の絶滅のおそれのある野生生物－ 5 昆虫類（環境省自然環境局野生生物課希少種保全推進室編），ぎょうせい，p.376.

●林正美・宮本正一（2018）半翅目．日本産水生昆虫－科・属・種への検索【第二版】（川合禎次・谷田一三編），東海大学出版部，pp.329427.

●苅部治紀（2006）：水生半翅類．神奈川県レッドデータ生物調査報告書 2006（高桑正敏・勝山輝男・木場英久編），神奈川県生命の星・地球博物館，pp. 337-339.

●苅部治紀（2006）：水生甲虫．神奈川県レッドデータ生物調査報告書 2006（高桑正敏・勝山輝男・木場英久編），神奈川県生命の星・地球博物館，pp. 385-392.

●北野忠（2006）名古木の水生生物．名古木の水生生物・ほ乳類と野の花たち（NPO 法人自然塾丹沢ドン会編），夢工房，pp. 11-21.

●北野忠（2012）水生生物からみた秦野市名古木の自然．かながわの自然，(66)，24-25.

●北野忠（2015）コマルケシゲンゴロウ．レッドデータブック 2014 －日本の絶滅のおそれのある野生生物－ 5 昆虫類（環境省自然環境局野生生物課希少種保全推進室編），ぎょうせい，p.392.

●北野忠・松村和音・鈴木陽介・西山和寿・唐真盛人・石川奨・河野文彦・鈴木理恵・志村慶明・藤吉正明（2007）水生昆虫の生息環境としての水田 ―秦野・平塚地域の水田を例に―．東海大学教養学部紀要，38，265-269.

●北野忠・奈良橋伊吹・岡村祐哉・古川晴海・澄野友輝・村口恵太・橋本徹郎・石倉雅章・山田一輝・小田島樹・鈴木理奈・竹村恭平・寺田一美・金田克彦・室田憲一（2019）：秦野市名古木の NPO 法人自然塾丹沢ドン会が維持している棚田における水生昆虫の生息状況および水質．東海大学紀要教養学部，49，303-314.

●北野忠・佐野真吾（2016）秦野市名古木での県内希少水生甲虫の記録．神奈川虫報，(188)，32-33.

●中島淳・林成多・石田和男・北野忠・吉富博之（2020）ネイチャーガイド日本の水生昆虫．文一総合出版，351pp.

●尾園暁・川島逸郎・二橋亮（2012）ネイチャーガイド日本のトンボ．文一総合出版，531pp.

●尾園暁・川島逸郎・二橋亮（2012）ヤゴハンドブック．文一総合出版，120pp.

●静岡県農林技術研究所（2010）静岡県田んぼの生き物図鑑．静岡新聞社，221pp.

●梅田孝（2016）平地で見られる主なヤゴの図鑑　身近なヤゴの見分け方．世界文化社，127pp.

＜**協力者**＞（敬称略・五十音順）

飯塚　南直　　伊澤　和希　　石倉　雅章　　岡村　祐哉　　小田島　樹
片家　裕太　　金澤　遼　　鴨井　瑶乃　　神田　雅治　　久保田峻介
熊谷　竜太　　後藤　唯　　今野　梨奈　　佐々木彰央　　新堰　勇太
菅原　青空　　鈴木　理奈　　澄野　友輝　　髙橋　悠稀　　武田　春菜
竹村　恭平　　田中　聡哉　　都坂　佑太　　奈良橋伊吹　　成井　七理
橋本　徹郎　　古川　晴海　　水上　杏沙　　皆川　優作　　村口　恵太
山口　渚紗　　山田　一輝　　山田　愛実

（**第 3 章**　担当：北野　忠）

第4章

# 棚田周辺の生き物たち

## ■棚田周辺の生き物たちから見た名古木の自然環境

2010年に名古屋市で開催された第10回生物多様性条約締約国会議、いわゆるCOP10において議長国であった日本は、伝統的な景観である里山環境を元に「SATOYAMAイニシアティブ」を各国に提案し、採択されました。自然と人間の相互作用で形成されてきた二次的自然である「里山」と呼ばれる環境は、水田、ため池、二次林、草原など複雑な景観で構成されます。元来、人の手による適切な管理により、様々な景観要素の複合体を形成し、世界的にも生物多様性が高く維持されていることが明らかになってきています。その複合的な景観に依存している生物種は多く、日本における希少種の集中分布地域の5割以上が里山環境にあたるとも言われています（環境省，2008）。しかし、農業従事者の減少や、それに伴う放棄水田の増加など日本における里山環境の荒廃と、それに伴う生物多様性の喪失が大きな問題となっています。

秦野市名古木に存在する棚田は耕作放棄地であった場所をNPO法人自然塾丹沢ドン会が復元したもので、農薬、化学肥料を使わずに昔ながらの農法によって維持管理されています。秦野市

によって名古木周辺が「生き物の里」にも指定されていることなどからも生物相が豊かであることが窺えます。生息する生物種を把握することは今後の維持管理における指標ともなり得ることに加えて、生物多様性の損失が著しい神奈川県内において重要な情報となります。そこで、我々慶應義塾大学一ノ瀬友博研究室のメンバーは「秦野生物多様性プロジェクト」を立ち上げ、貴重な里山景観が残る「名古木の棚田」において丹沢ドン会の協力のもと、生物相の把握を目的として調査を行いました。

## ■調査範囲について

秦野市名古木の棚田およびその周辺環境を調査地として設定しました。以下この地域をすべての分類群における調査地として扱います。当地は良好な里山環境が維持され、丹沢ドン会によって復田された棚田を中心に、棚田に水を引き入れる水路や畦・土手に残る草地、農作が行われていない休耕田、それを囲うようにして広がるクヌギの二次林やスギの人工林、竹林など多様な環境が広がっています。棚田は湧き水を利用し、農薬を使わない伝統的な管理がなされていて、畑やミカンなどの果樹、梅や栗が周囲の畑に植樹されています。そうした多様な環境の維持、農薬を使わない稲作などの生き物に負荷の少ない管理が生物種の多様性の維持に大きく起因していると考えられます。調査地である名古木内の周辺 2 地点が秦野市指定の生き物の里指定第 4 号、6 号に指定されていることからも（秦野市，2016)、秦野市の生物多様性地域戦略を進める上で重要な場所と言えるでしょう。

## ■生き物調査の方法

調査の多くは踏査と目視によって行われました。周辺を歩き回り、見つけた生き物を記録する方法です。すぐに逃げてしまう哺乳類はセンサーカメラ、シャーマントラップなどを併用して生息している種を特定しました。昆虫などは捕虫網を用いて採捕し、必要な場合は記録として乾燥標本を作成しました。

## ■生き物調査の結果

3 年間の調査の結果、哺乳類 15 種、鳥類 72 種、両棲爬虫類 15 種、昆虫の仲間を 300 種ほど特定することができました。昆虫の仲間は非常に種類が多いため、本調査では種類を絞って調査を行いましたが、それを踏まえてもサッカー場程度の範囲内で確認された種数としてはかなり多いと思われます。本章ではそれらの生き物の中から代表的な種をいくつかピックアップしてご紹介します。

# 昆虫類

## チョウ目

注＜**時**：成虫の出現時期＞
　＜**食**：食草＞

### ●キアゲハ　アゲハチョウ科

**時**：4～10月 / **食**：セリ、ミツバなど

低山や農村だけでなく、都市でも観察される生息環境の広いチョウです。大きく目立つ色で見つけやすいですが、ナミアゲハとは前翅基部の模様のみ異なるので飛んでいると同定は困難です。畦道では幼虫が観察できます。

### ●モンキアゲハ　アゲハチョウ科

**時**：5、7、9月 / **食**：カラスザンショウなど

高い所をアゲハチョウの仲間の中では少しゆっくり目に飛翔し、オスは林縁沿いに「チョウ道」を形成します。分布を拡大していて、都市公園でも観察できます。名前の由来は標本が古くなると白斑が黄色くなるためです。

### ●カラスアゲハ　アゲハチョウ科

**時**：5、7、9月 / **食**：カラスザンショウなど

森林や公園などの大きい緑地で観察されます。高い場所を飛翔し、ツツジやネムノキなどの花を訪れます。オスは林縁に沿って「チョウ道」を形成し、テリトリーを主張します。また、湿った地面などで吸水します。

### ●アオスジアゲハ　アゲハチョウ科

**時**：5～10月 / **食**：クスノキ、タブノキなど

人為的な理由ですが、クスノキが街路樹として導入されたため、共に分布を拡大しています。高い所をかなり高速で飛翔しますが、ヤブガラシなどの花にも訪れます。

## ●キタキチョウ　シロチョウ科

**時**：通年 / **食**：メドハギやネムノキなど

　里山で見られる代表的なシロチョウの仲間で、様々な環境で観察されます。緩やかに飛翔し、ハギやアザミなどの花を訪れます。オスは湿った地面で好んで吸水し、時に集団で見られます。

## ●モンキチョウ　シロチョウ科

**時**：3 月末〜 11 月 / **食**：シロツメクサなど

　オスは黄色く、メスは白い性的二型という特徴を持つシロチョウの仲間です。極めて稀に黄色いメスがいます。草原や公園でよく観察され、名古木でもよく観察されます。

## ●ベニシジミ　シジミチョウ科

**時**：3 〜 11 月 / **食**：スイバやギシギシ

　本種は名古木でも年中を通して頻繁に観察できるシジミチョウです。ギシギシなどのタデ科植物を幼虫期に好みます。春から夏にかけて観察されますが少しずつ黒い部分が太い個体が多くなります。後ろの翅に青い斑点がある個体を見つけられたらラッキーかも！？

## ●ツバメシジミ　シジミチョウ科

**時**：4 〜 10 月 / **食**：シロツメクサなど

　里山の代表的なシジミチョウの１種で、都市でも普通に見られます。普段地上付近を飛翔し、様々な花を訪れます。オスは地面で給水もします。

## ●ヤマトシジミ　シジミチョウ科

**時**：4、6～11月 / **食**：カタバミなど

都市の公園から農村まで広い環境で極めて普通に見られるシジミチョウの仲間です。食草とするカタバミがある環境であればどこでも発生します。大人の膝下程度の高さまでしか飛翔せず、様々な花を訪れます。

## ●ウラナミアカシジミ　シジミチョウ科

**時**：6～7月 / **食**：クヌギやコナラ

翅裏の模様が美しく、チョウ愛好家にも人気の本種はクヌギやコナラなどの広葉樹の新芽を幼虫期に好みます。薪の需要と共に分布を広げましたが、近年では数が減りつつあります。名古木では数が少ないですが、栗の花や樹冠を飛翔する姿が観察できます。

## ●ウラナミシジミ　シジミチョウ科

**時**：通年 / **食**：エンドウやダイズなど

8月下旬頃に大発生し、秋の風物詩にもなっているシジミチョウの仲間です。越冬は関東地方南部沿岸などでしかできませんが、毎年分布を北に拡大しています。翅裏に特徴的な波模様があることが名前の由来です。

## ●オオミドリシジミ　シジミチョウ科

**時**：6～7月 / **食**：コナラやミズナラ

チョウ愛好家に人気のシジミチョウ科の1種です。平地の雑木林から山地の森まで、様々な森林環境でミドリシジミと共によく観察されます。オスは9時～10時に卍巴飛翔をし、縄張りを活発に主張します。名古木では写真のメスが1度だけ観察されました。

## ●ムラサキシジミ　シジミチョウ科

**時**：4、6 ～ 11 月 / **食**：アラカシなど

冬は数個体集まって成虫で越冬します。越冬前と後はよく翅を開いて日光浴している様子が観察できます。夕方活発に飛翔し、アブラムシの分泌液や樹液を吸います。都市の公園などでも普通に見られます。

## ●オオムラサキ　タテハチョウ科

**時**：6 月下旬～ 8 月 / **食**：エノキ、エゾエノキ

その大きな翅と力強い羽ばたき、美しい紫の模様で本種は日本の国蝶に選ばれています。幼虫はエノキの葉を食べて、成虫は樹液や獣糞などを吸汁します。かつては全国にいましたが現在では環境省の準絶滅危惧に指定されています。

## ●ウラギンシジミ　シジミチョウ科

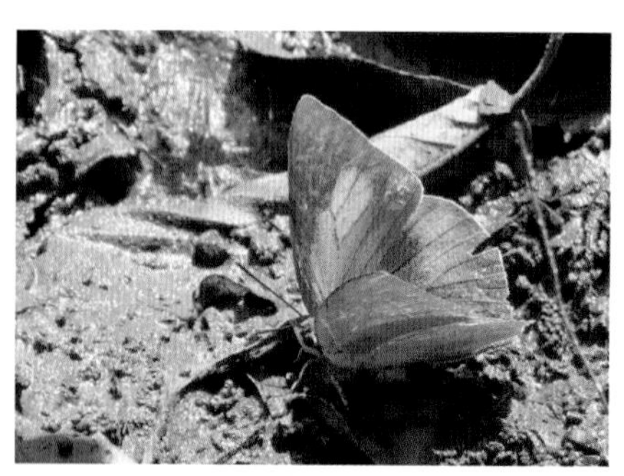

**時**：4、6、8、10 月 / **食**：クズやフジなど

翅裏が銀箔色で、翅頂が尖る特徴的なシジミチョウです。オスは表が橙色で、メスは白色です。秋はクズを食草とするので様々な場所で広く見られます。花にはあまり訪れず、腐った果物や獣糞などで吸汁します。

## ●ゴマダラチョウ　タテハチョウ科

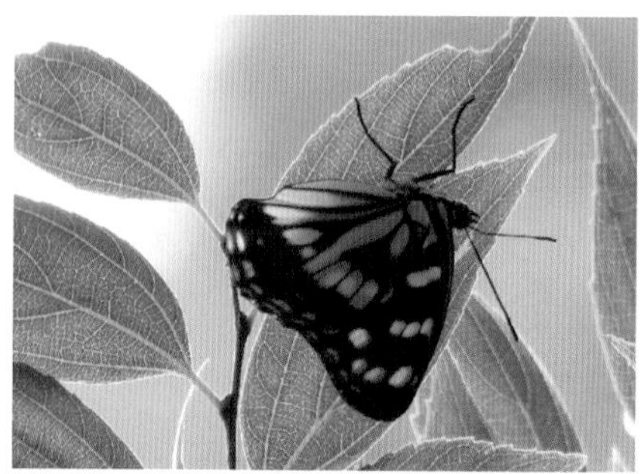

**時**：5、7、9 月 / **食**：エノキ、エゾエノキ

都市公園などでも観察できる生息環境の広いチョウですが、近年侵入した外来種のアカボシゴマダラの影響が懸念されています。日中はエノキがある雑木林の樹冠を活発に飛翔する姿が観察されます。

## ●イチモンジチョウ　タテハチョウ科

**時**：5、7、9月／**食**：スイカズラなど

日中林縁部の高いところを素早く飛翔し、コミスジに似ていますが、前翅の模様が繋がり1つの線になっている模様や、飛び方から見分けられます。幼虫は湿った場所に生えるスイカズラを好み、愛嬌のある顔を観察できます。

## ●テングチョウ　タテハチョウ科

**時**：3～4、6月／**食**：エノキやエゾノキなど

名古木の棚田を活発に飛翔する本種は雑木林に多く、時に大発生することがあります。成虫で越冬し、春先に産卵します。2カ月程で羽化し、6月からまた成虫が発生します。日中、高速に飛び各種花や樹液を訪れるので観察しやすい種です。

## ●ルリタテハ　タテハチョウ科

**時**：3、6、8、10月／**食**：サルトリイバラなど

翅裏が樹皮の擬態をし、翅表に瑠璃の一文字がある本種は公園などでも普通に観察できます。似ている種はいないので簡単に見分けがつきます。高速で飛翔し、樹液や腐った果物に好んで集まります。オスは林の中で占有行動を取ります。

## ●キタテハ　タテハチョウ科

**時**：3、6、8～10月／**食**：カナムグラなど

翅裏が枯れ葉に擬態している本種はカナムグラが自生する草地でよく観察されます。名古木では色合いがミドリヒョウモンに似ているのでよく間違えられます。日中草地の上を緩やかに飛び、花や腐った果物などに集まります。

### ●ミドリヒョウモン　タテハチョウ科

**時**：6 ～ 9 月 / **食**：タチツボスミレなど

タチツボスミレがある良好な里山や草地で観察される本種は、全国的には普通ですが名古木では少ないヒョウモンチョウの仲間です。林縁や樹冠を高速で飛翔し様々な花を訪れます。真夏の 8 月は夏眠し、9 月頃から産卵します。

### ●クロコノマチョウ　タテハチョウ科

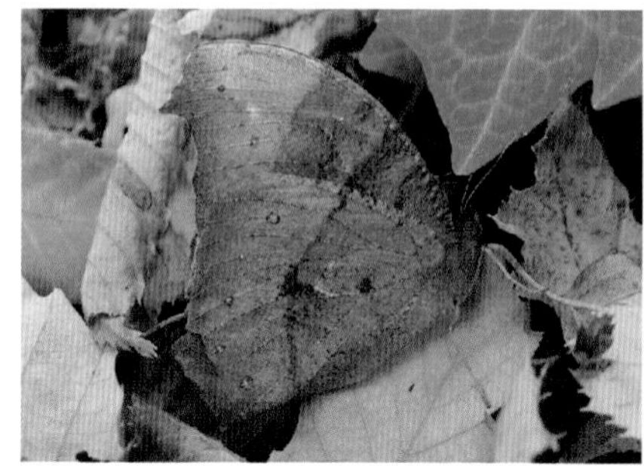

**時**：4 ～ 10 月 / **食**：ススキなど

近年分布が拡大している本種は、名古木でも林縁でよく観察されます。翅裏の模様は枯れ葉に擬態しているので止まっている状態ではかなり見つけにくいです。メスは前翅頂に橙色で縁どられ、翅裏は赤みがかっています。

### ●アカタテハ　タテハチョウ科

**時**：4 月～ 10 月 / **食**：カラムシなど

都市で増加している本種は飛翔力がかなり強い種で、平地や山の明るい草地などで様々な花に訪花します。名古木では幼虫がベース近くの草むらでよく観察されます。

### ●ジャノメチョウ　タテハチョウ科

**時**：7 ～ 9 月 / **食**：ススキやヒカゲスゲ

比較的明るい場所を好み、花や樹液、獣糞などに集まり吸汁します。前翅にある中心が瑠璃色に輝く大きな眼状紋で他種と判別できます。神奈川県では都市域で減少傾向にありますが、名古木では林内の高い空間を活発に飛翔する姿が確認されています。

## ●ヒメウラナミジャノメ　タテハチョウ科

**時**：5、7、9月／**食**：ススキやチガヤなど

翅裏の波模様と眼状紋が特徴的なジャノメチョウの仲間です。草地の上をぴょんぴょんと跳ねるように飛び、葉の上によく止まります。カタバミやキツネノマゴなどの小さな花によく止まり、吸蜜します。

## ●ダイミョウセセリ　セセリチョウ科

**時**：5、7、9月／**食**：ヤマノイモなど

樹林の周囲にある草地で観察され、セセリチョウの中では珍しく翅を開いて止まります。日中はハルジオンやアザミの花を俊敏に訪れるほか、地面で給水もします。北海道以南で普通に生息しています。

## ●クロヒカゲ　タテハチョウ科

**時**：5、7、9月／**食**：アズマネザサなど

平地から山の森周辺によく見られます。オスは午後から夕方にかけて日当たりのいい場所で占有行動をし、他のオスにアピールします。翅裏の眼状紋の周りに薄紫色の円が光の当たり加減によって浮かび上がります。

## ●イチモンジセセリ　セセリチョウ科

**時**：5～10月／**食**：イネやススキなど

成虫で越冬する本種は平地の水田等で発生し秋にかけて移動しながら増加します。かなり素早く飛翔し、様々な花を訪れます。翅裏のまっすぐ並ぶ4つの白斑が名前の由来なので、ゆっくり近付いて観察してみましょう。

## ●オオチャバネセセリ　セセリチョウ科

**時**：6、9 月 / **食**：アズマネザサなど

ササ原や雑木林周辺の草地に生息する本種は全国的に減少傾向にあります。草原の上を高速で飛翔し、様々な花を訪れます。本種の分布北限は関東（茨城）までです。

## ●ミヤマセセリ　セセリチョウ科

**時**：4 月 / **食**：コナラやクヌギ

他のチョウに先駆けて発生するセセリチョウの本種は比較的日当たりの良い雑木林を好みます。雌雄共に毛深く、オスの前翅は樹皮に擬態しています。タンポポなどの花によく訪れ、葉上で頻繁に翅を開いて日光浴をします。

## ●チャバネセセリ　セセリチョウ科

**時**：5、7、9 月 / **食**：イネやチガヤなど

日中高速で飛翔し、様々な花を渡り歩く本種は冬を暖地で越します。秋にかけて分散、個体数が増加します。水田よりも農地近くの小さな草地でよく観察されます。

## ●ホソバセセリ　セセリチョウ科

**時**：6 〜 8 月 / **食**：ススキやカリヤス

本種は幼虫期をイネ科などの高茎草本が優占する草地で過ごし、成虫期を雑木林で過ごす特異な生活史を持つ種です。しかしその生態のため個体数は減少傾向にあり、神奈川県では絶滅危惧Ⅱ類に指定されています。名古木では雑木林に近い北の草地で夏頃に観察されます。

# トンボ目

注<**時**：成虫の出現時期>
<**体**：体サイズ>

## ●ホソミイトトンボ　イトトンボ科

**時**：4～12月 / **体**：30～38mm

イトトンボの中でも腹部が細長く、夏は青色、冬は褐色になります。成虫越冬するトンボは日本に3種いますが、その内の1種です。県内では1990年代まで目撃例が2例のみでしたが、2006年以降爆発的に分布を広げ、今は県内の水田で普通に見られます。

## ●ヤマサナエ　サナエトンボ科

**時**：4～7月 / **体**：62～73mm

早春から夏にかけて見ることのできる中型のトンボです。本種を含むサナエトンボ科は一見ヤンマ科のトンボとよく似ていますが、サナエトンボ科では複眼が離れていることから容易に判別できます。写真のように葉の上で静止していることも多いです。

## ●アサヒナカワトンボ　カワトンボ科

**時**：5～7月 / **体**：40～55mm

初夏に見られる中型のカワトンボです。メスの翅は透明、オスは翅が透明な個体と褐色の個体がいます。体色は青っぽく粉を吹いたようなものやメタリックグリーンの個体が見られます。やや小さな流れを好み、川の周囲をひらひら舞う姿を観察できます。

## ●オニヤンマ　オニヤンマ科

**時**：6～10月 / **体**：82～114mm

日本の代表的なトンボで、日本最大です。樹林沿いの小川など流水性のトンボで、ヤゴは2～4年で成長し、羽化します。こうした小川の上をオスが行ったり来たりし、縄張りを張ります。たまに道の上を低空飛行する様子や木の幹に止まる様子が見られます。

## ●ミルンヤンマ　ヤンマ科

**時**：7 ～ 10 月 / **体**：70 ～ 80mm

　やや細身のヤンマです。山地の細流環境を好む種類であり、夕方など薄暗い時間帯に飛び回る姿を見ることができます。反面明るい時間帯は樹木の枝葉からぶら下がって休んでいます。神奈川県ではこうしたヤンマ類が減少しており、本種も県のレッドリストにて要注意種の指定を受けています。

## ●マユタテアカネ　トンボ科

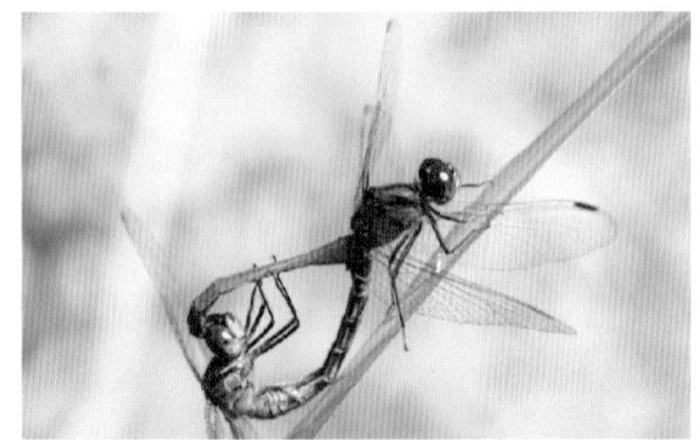

**時**：5 ～ 10 月 / **体**：30 ～ 40 ㎜

　いわゆる「アカトンボ」の一種です。中でもやや暗い環境を好み、名古木では山林沿いの湿地やヨシ原で見かけます。顔面に一対の黒い模様があることからマユタテの名が付きました。葉先に止まっていたり一カ所でホバリングを続けていたりとあまり飛び回ることはありません。

## ●ヤブヤンマ　ヤンマ科

**時**：7 ～ 9 月 / **体**：80 ～ 90mm

　夏に見られる大型のヤンマです。体長が長いだけでなくガッチリとした体型をしています。やや暗い環境を好み、夕方以降の時間帯に見られることが多いです。メスは沼の近くなど湿った所へ産卵する性質を持っていて、生まれた幼虫は薄暗く流れのない水の中で育ちます。

## ●アキアカネ　トンボ科

**時**：6 ～ 10 月 / **体**：30 ～ 40mm

　日本の「アカトンボ」の中で最も有名な種類の 1 つです。マユタテアカネ含め多くの成熟したアカトンボ類のオスは赤く色づきますが、本種は色づいても濃橙色程度です。平地の田んぼや沼などに発生しますが、そうした環境は農薬使用に晒されやすく、したがってその数は大きく減っています。

## ●ハラビロトンボ トンボ科

**時**：4～10月 / **体**：32～42mm

名古木で見られる青色のトンボ科の仲間で、最も小さく、腹部が太く見えます。水田上はあまり飛んでおらず、休耕田や湿地に多いです。湿地の周りの草地に止まっている姿をよく目にします。シオヤトンボよりもやや乾き気味の湿地を好み、産卵する傾向にあります。

## ●シオカラトンボ トンボ科

**時**：4～10月 / **体**：47～61mm

最も普通に見られ、有名なトンボです。後述する似た種よりスマートで、腹端の黒い部分の長さが長いのが特徴です。青白いオスに対し、メスや未成熟のオスは黄褐色で、その体色から「麦わらトンボ」と呼ばれます。水田や池など開放的な環境を好んで産卵します。

## ●シオヤトンボ トンボ科

**時**：4～6月 / **体**：36～49mm

シオカラトンボ、オオシオカラトンボに比べ、ずんぐりとした体型で、腹端は黒くありません。他2種に比べ出現時期が早く、春を象徴するトンボの1つです。湿地や水田などのごく浅い水たまりを好むので、こうした環境が残る自然度が高い田んぼにのみ生息します。

## ●オオシオカラトンボ トンボ科

**時**：5～10月 / **体**：49～61mm

シオカラトンボより体色が濃く、翅のつけ根が黒いのが特徴です。樹林に囲われた水田や池など、やや閉鎖的な環境を好んで産卵する傾向があります。羽化して間もなくは樹林内で過ごします。メスが単独で産卵行動をする間、オスはその真上で警護行動をとります。

# バッタ目

注<**時**：成虫の出現時期>
　<**体**：体サイズ（翅を含む）>

## ●コロギス　コロギス科

**時**：6 ～ 8 月 / **体**：30mm

コオロギとキリギリスの中間的な見た目をしています。肉食性が強く、獰猛な性格です。刺激すると翅を広げて威嚇します。コロギスの仲間は翅を持っていても鳴くことができません。夜行性で、日中は口から出した糸で葉を繋ぎ合わせた巣に隠れています。

## ●ハヤシノウマオイ　キリギリス科

**時**：7 ～ 10 月 / **体**：46mm

肉食性が強い中型のキリギリスの仲間です。前脚と中脚の内側には、獲物を捕まえるためのトゲが並んでいます。「スイーーチョン、スイーーチョン」と鳴きます。河川敷などの開けた環境ではハタケノウマオイが生息していて、より速いテンポで鳴きます。

## ●ヤブキリ　キリギリス科

**時**：6 ～ 9 月 / **体**：45 ～ 58mm

緑色の個体が多いですが、茶色がかったもの、足が黒い個体も見られます。春先には幼虫がタンポポなどの花の上で花粉を食べている様子が観察されます。成長と共に肉食性が強くなり、成虫は樹上で生活し「シリシリシリ」と鳴きます。

## ●ヒメギス　キリギリス科

**時**：6 ～ 9 月 / **体**：17 ～ 27mm

黒から褐色のキリギリスの仲間です。成虫の背面から翅にかけて鮮やかな緑色になる個体も見られます。「シリリリ…」と高い音で鳴きます。湿地を好みますが、水田ではあまり見られません。乾燥した草地にはコバネヒメギスという種が生息します。

## ●クビキリギス　キリギリス科

**時**：9～6月 / **体**：50～57mm

頭が尖り細長い体型で、緑色型と褐色型があり、稀に鮮やかな赤色の個体が見つかります。特徴的な赤い大アゴは、植物の種子などを食べる時に役立ちます。大きな鋭い音で「ビーー」と長く連続して鳴きます。この鳴き声はよく通り、移動中の電車内から聞こえるほどです。成虫越冬します。

## ●オナガササキリ　キリギリス科

**時**：8～10月 / **体**：20～30mm

丈の高い明るい草地に生息する小型のキリギリスの仲間です。メスは体と同等かそれ以上になる非常に長い産卵管を持ち、名前の由来となっています。日中は「ジリッジリッ…」と区切って鳴きますが、夜になると「ジリジリ…」とまるで別種のような連続した鳴き方になります。

## ●クサキリ　キリギリス科

**時**：8～11月 / **体**：37～49mm

クビキリギスを少し寸胴にしたような体型で、緑色型と褐色型があり、口は黄色か橙色です。姿が似ているシブイロカヤキリは、成虫で越冬するため出現時期が異なります。連続して「ジーー」と力強く鳴きます。クビキリギスに比べるとやや低い音で、クビキリギスほど鋭さはありません。

## ●クツワムシ　クツワムシ科

**時**：8～10月 / **体**：50～53mm

「ガチャガチャガチャ」と壊れた機械のような大きな声で鳴きます。名前は、轡（くつわ）という馬にはませる金属の道具の音と鳴き声が似ていることに由来します。緑色型と褐色型があり、稀に赤みが強い個体もいます。林縁の藪などを好みますが、県内では生息環境の減少に伴い数を減らしています。

## ●セスジツユムシ　ツユムシ科

**時**：8 ～ 11 月 / **体**：33 ～ 47mm

緑色型と褐色型があります。オスは濃い茶褐色、メスは淡い黄色の筋が背中に入るのが特徴です。オスは「チッチッチ…」と鳴き始め、しだいにテンポを早め「ヂーチョ・ヂーチョ」と終わります。メスはオスに呼応して「プチプチ」と鳴き、その声をたよりにオスはメスを探します。

## ●サトクダマキモドキ　ツユムシ科

**時**：8 ～ 10 月 / **体**：45 ～ 62mm

クツワムシに似た体高がある大型の鳴く虫です。和名はクツワムシの別名であるクダマキに似ていることに由来します。よく似た種類にヤマクダマキモドキという種があり、本種は前肢が赤くならないことで見分けられます。

## ●エンマコオロギ　コオロギ科

**時**：8 ～ 10 月 / **体**：28 ～ 36mm

丈の低い草地に生息し、都市化が進んだ地域でも畑や空き地などで普通に見られます。身近で大きな体を持ち、「コロコロリー」と心地の声で鳴く本種は、まさに日本を代表するコオロギと言えます。大型であることと、顔の眉模様を閻魔大王に見立てたのが名前の由来です。

## ●クロツヤコオロギ　コオロギ科

**時**：6 ～ 10 月 / **体**：18 ～ 27mm

名前の通り全身が黒く、強い光沢があります。幼虫で越冬し、他のコオロギ類よりも早い 6 月頃から鳴き始めます。日当たりの良い斜面に穴を掘って生活をするため姿を見るのは難しいですが、昼夜を問わず「チャリチャリ…」と鳴く声が聞こえてきます。

## ●マツムシ　マツムシ科

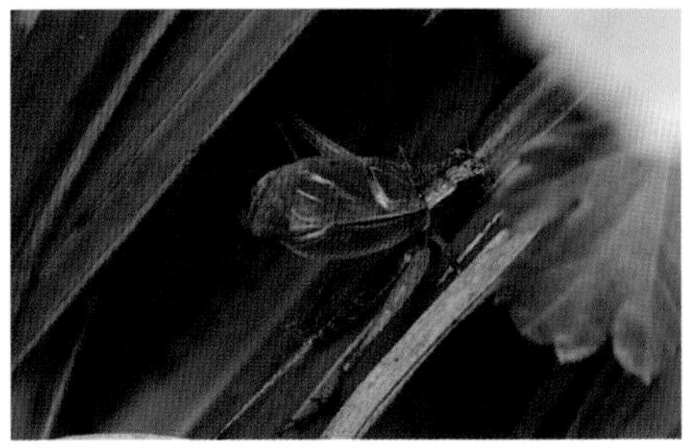

**時**：8～11月 / **体**：18～22mm

童謡でも歌われる「チンチロリン」の鳴き声が有名ですが、実際は鋭くキレのある音で「ピッピッピロリ」と鳴きます。乾燥した丈の高い草地に生息し、そのような環境の減少により数を減らしています。名古木では生き物に配慮した草地管理をすることで、安定した生息が確認されています。

## ●スズムシ　マツムシ科

**時**：8～10月 / **体**：16～19mm

秋の鳴く虫として広く知られ、現在でもペットショップで売られていて、飼育が盛んです。一方、どこにでもいるわけではなく、ある程度、自然度の高い環境に生息します。他の鳴く虫よりも少し早い時間から鳴き始め、夕暮れの棚田に「リー、リーン」と響く声が鳴く虫の時間へ誘います。

## ●カヤコオロギ　マツムシ科

**時**：8～10月 / **体**：8～10mm

体は黄色、背面は濃褐色でその両側に白い筋が入ります。マツムシ科はマツムシやスズムシなど鳴き声が美しい種がよく知られますが、本種は短い羽を持つものの発音器はありません。チガヤの生えた明るく自然度の高い草地に生息します。産地は局所的で県の絶滅危惧種に指定されています。

## ●キンヒバリ　ヒバリモドキ科

**時**：4～7月 / **体**：6～7mm

小さな体のわりによく響く声で「リッリッリッリッリッリーリー」と鳴きます。小型で容姿、声ともに美しいため、鳴く虫の飼育が盛んだった江戸時代からよく飼育されていました。ヨシ原などの湿地に生息します。乾燥した草地にはよく似たカヤヒバリが生息しています。

## ●ケラ　ケラ科

**時**：1 年中 / **体**：30 ～ 35mm

広い意味ではコオロギの仲間ですが、地中生活に特化した独特な姿をしています。全身微毛に覆われ、前足はモグラのように穴を掘るのに適した形をしています。オスは「ビーーー」と長く単調に、メスは「ビービービー」と短く断続的に鳴きます。湿地に生息し、泳ぎも得意で飛ぶこともできます。

## ●ノミバッタ　ノミバッタ科

**時**：1 年中 / **体**：4 ～ 6mm

全身黒色で光沢のある小さなバッタの仲間で、体に対して大きく発達した後肢を持ちます。跳躍力が非常に高く、ノミのように跳ねます。水面から飛び上がることもできます。やや湿った砂質の裸地や丈の低い草地でドーム状の巣を作り生息しています。驚くと天井を突き破って跳び出します。

## ●ハラヒシバッタ　ヒシバッタ科

**時**：4 ～ 10 月 / **体**：8 ～ 13mm

畦畔などの丈の低い草地でよく見られる小さなバッタの仲間です。ヒシバッタの太短い体型上から見ると菱形に見えることが名前の由来です。翅は退化していて痕跡的ですが、まれに長翅型が現れます。背面の色・模様は個体差があり、見比べてみると面白いです。

## ●トゲヒシバッタ　ヒシバッタ科

**時**：4 ～ 11 月 / **体**：17 ～ 20mm

湿地に生息する大型のヒシバッタの仲間です。和名は胸の両側の頑丈な棘に由来します。本種はカエルなどの捕食者に襲われると後ろ足を突っ張って全身硬直します。この体勢になるとカエルが飲み込みにくくなり、棘が口の中で刺さりやすくなります。そしてカエルは本種を吐き出すのです。

## ●ハネナガヒシバッタ　ヒシバッタ科

**時**：4～11月 / **体**：9～13mm

水田やその周辺の湿地に生息し、よく飛んで逃げます。翅が長く、他のヒシバッタの仲間に比べると細身で華奢な印象があります。体が小さく分かりにくいですが、複眼が上に飛び出していることも本種の特徴です。河川敷などではよく似たニセハネナガヒシバッタが生息しています。

## ●ショウリョウバッタ　バッタ科

**時**：7～11月 / **体**：40～80mm

草丈の低い開けた草地に生息し、街中でも普通に見られる身近な種類です。大型のバッタで、後脚が長いのでより大きさが際立ちます。メスはオスの2倍くらいの大きさです。オスは飛ぶ時に「チキチキ」という音を発するのでチキチキバッタとも呼ばれます。

## ●オンブバッタ　オンブバッタ科

**時**：6～12月 / **体**：20～42mm

身近なバッタの1つです。ほぼ飛ばないので、観察も容易です。頭の形はショウリョウバッタに似ていますが、本種の方が小さく、ずんぐりとした体型です。メスの方が大きく、交尾以外でもオスがメスの上に乗ることが名前の由来です。草丈の低い草地を好み、畦などでよく見られます。

## ●ショウリョウバッタモドキ　バッタ科

**時**：7～11月 / **体**：27～57mm

ショウリョウバッタより小さく、体が細長いです。緑地に背中の赤いラインが目立ち、葉の縁が赤いチガヤの葉の配色に似ています。イネ科の草丈が高い草地を好みます。比較的自然度が高い環境に生息し、分布も局所的ですが、名古木での個体数は多いです。

## ●ヤマトフキバッタ　バッタ科

**時**：6 ～ 11 月 / **体**：22 ～ 38mm

体色は緑色で、茶色く短い翅は背面で重なります。飛ぶことはできません。丘陵地から山地の広葉樹林に生息し、林縁などで見る機会が多いです。フキバッタの中では最も低い標高まで分布する種類です。オニドコロなどを食べることが知られています。

## ●ハネナガイナゴ　バッタ科

**時**：7 ～ 12 月 / **体**：17 ～ 45mm

体色は緑色で、背面は茶色です。翅が腹端を超えることでコバネイナゴと区別されますが、正確にはメスは腹部の棘、オスは腹端の形で識別できます。水田に多く、畦を歩くと一斉に飛びます。県内では農薬により一時激減しましたが、近年回復傾向にあります。

## ●コバネイナゴ　バッタ科

**時**：7 ～ 12 月 / **体**：16 ～ 40mm

体色は緑色で、背面は茶色とハネナガイナゴに似ていますが、名前の通り翅が腹端を超えず、短いのが特徴です。翅が腹端を超える長翅型もまれに出現しますが、短い距離しか飛べません。また、ハネナガイナゴよりも乾いた草地にいることが多いです。

## ●ツチイナゴ　バッタ科

**時**：9 ～ 7 月 / **体**：50 ～ 70mm

大型のバッタで、複眼の下に伸びる黒い涙模様が特徴です。成虫は黄褐色、幼虫は黄緑色ですが、涙模様で本種と特定できます。クズ群落がある林縁や草丈が高い草地を好みます。12 月頃まで動く姿を目にし、成虫越冬します。近づくとよく飛んで逃げます。

## ●ナキイナゴ　バッタ科

**時**：5～9月／**体**：19～32mm

オスは鮮やかな黄色、メスは茶褐色の個体が多いです。ススキなどイネ科の草丈が高い草地に生息します。オスは葉上で、翅に後脚をこすりつけるようにして「シャカシャカ…」と鳴きます。県内では個体数が少ない所も多いですが、名古木では普通に見られます。

## ●ヒナバッタ　バッタ科

**時**：4～12月／**体**：19～30mm

体色は茶色や灰色、翅はこげ茶色で、背中に白色の「く」の字のような模様があります。オスは腹端が赤味を帯びる個体もいます。裸地や開けた草丈の低い草地に多いです。オスは翅に後脚をこすりつけるようにして「シュルシュシュ」と鳴きます。

## ●クルマバッタ　バッタ科

**時**：7～11月／**体**：34～65mm

褐色と緑色型が同程度の割合で存在します。翅（後脚つけ根辺り）に白い縦筋があることでトノサマバッタと区別できます。背中（頭の後ろ辺り）が丸く膨らむことでクルマバッタモドキと区別できます。他2種に比べ分布が局所的で見る機会が少ないです。

## ●クルマバッタモドキ　バッタ科

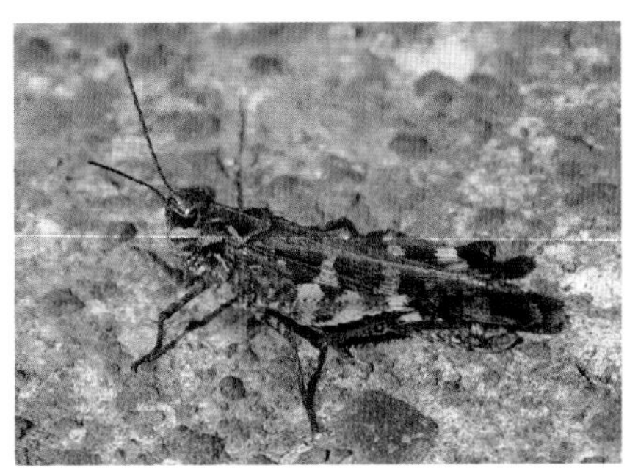

**時**：6～11月／**体**：28～65mm

褐色型と緑色型がいますが、褐色型が普通です。褐色型は背中に白いX字状の紋があるのが特徴です。クルマバッタのように背中（頭の後ろ辺り）が膨らまず、直線的に見えます。イネ科の多い草丈の低い草地に生息します。地面にいることが多いです。

# ハチ目ヒメバチ科

注<**時**：成虫の出現時期>
<**寄**：寄主>

## ●コンボウケンヒメバチ

ケンオナガヒメバチ亜科

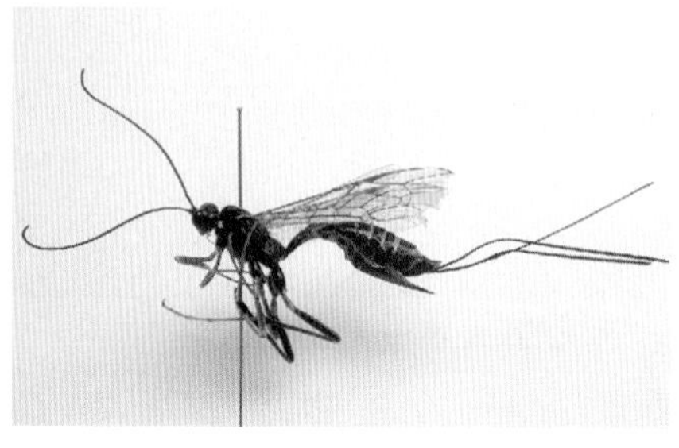

**時**：初夏 ／ **寄**：材木性甲虫

倒れた木の材を食べるカミキリムシなどに寄生することが知られていて、名古木では針葉樹の倒木でよく見られます。サイズの個体差がかなり大きく、小さい個体と大きい個体では 2 倍近い差が見られることもあります。

## ●アマノトガリヒメバチ

トガリヒメバチ亜科

**時**：初夏 ／ **寄**：不明

珍しい *Gotra* 属の一種で、2019 年に名古木で得られた個体を元に記載された新種です。名古木で得られた正模式標本（ホロタイプ）以外では 1 個体しか記録されていません。したがって寄主も不明です。

## ●コンボウアメバチ

コンボウアメバチ亜科

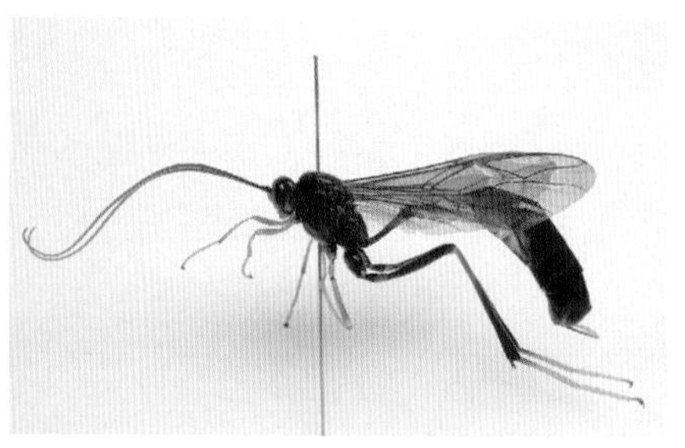

**時**：初夏 ／ **寄**：大型の鱗翅目蛹

コンボウアメバチ亜科の代表種ともいえる大型のヒメバチです。ヤママユガなど大型蛾の蛹へ寄生することが知られていて、それらの種が減少している神奈川県では絶滅危惧種に指定されています。

## ●イヨヒメバチ

ヒメバチ亜科

**時**：初夏～盛夏 ／ **寄**：大型の鱗翅目蛹

中大型のがっしりした種類が多いヒメバチ亜科の中でも大型になる種類です。外見がクモバチ（刺されると痛い）に似ていて、しばしば間違われます。本種は盛夏であっても見ることのできる種類です。

## ●モトグロホシアメバチ

アメバチ亜科

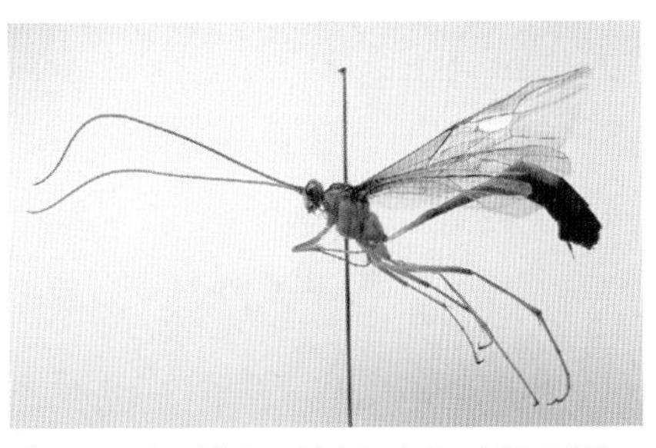

**時**：秋〜冬（成虫で越冬）／**寄**：鱗翅目蛹

繊細な外見と飴色の体を持つアメバチの一種です。一部のヒメバチは成虫で越冬することが知られていて、本種も冬場にアオキなど常緑樹の葉裏でぶら下がって越冬する姿を見ることができます。

## ●トゲホソヒメバチ属の一種

トゲホソヒメバチ亜科

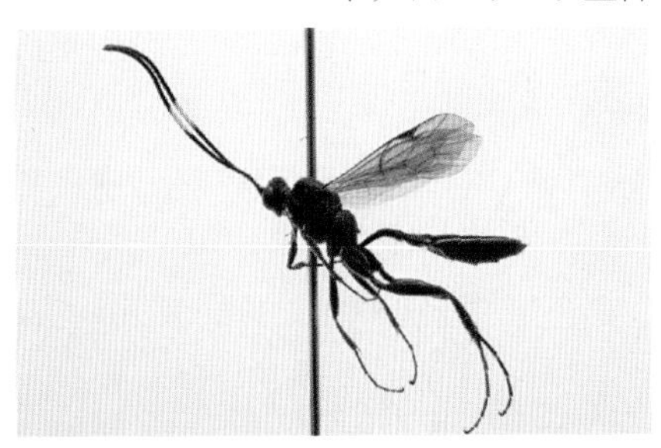

**時**：秋／**寄**：不明

トガリヒメバチ亜科に似た種類ですが、翅脈、後体節などの形質で見分けることが可能です。今までこのグループは高標高地域やより北方など比較的寒冷な地域から発見されていましたが、本個体は比較的温暖な名古木で見つかりました。

## ●シロスジハチヤドリヒメバチ

ヒラタヒメバチ亜科

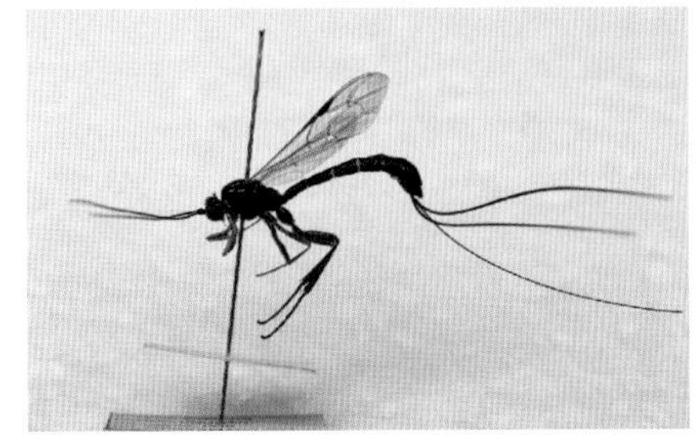

**時**：初夏／**寄**：ドロバチなど

名古木で最初に記録された記念すべき第一号のハチです。ドロバチやトックリバチなど土で巣を作る細腰亜目のハチに寄生する生態を持ち、名古木での個体数は多くなく、やや珍しい種類と言えます。

## ●ナカムラフシヒメバチ

ヒラタヒメバチ亜科

**時**：秋／**寄**：材木中の昆虫

中型のヒラタヒメバチです。名古木では多く見られる材木依存性のヒメバチであり、コナラなどの立ち枯れや若い倒木に集まります。名古木で得られる本種はナカムラフシヒメバチと異なる特徴を一部持ちますが、本書では同種として扱います。

## ●マダラコブクモヒメバチ

ヒラタヒメバチ亜科（クモヒメバチ属群）

**時**：初夏 / **寄**：オオヒメグモ

クモの背中へ幼虫が寄生する特異なヒメバチの一種です。名古木では、拠点の机やベンチの下で巣を張るオオヒメグモに寄生している姿を見ることができます。幼虫はある程度成長するとクモに繭の材料を作らせてから食べます。

## ●ミノオキイロヒラタヒメバチ

ヒラタヒメバチ亜科

**時**：夏〜冬（成虫で越冬）/ **寄**：鱗翅目蛹

全身が明るい黄色でよく目立つヒメバチです。成虫で越冬することも知られていて、冬場に常緑樹の葉裏で集団越冬する姿を見ることがあります。主に森林環境に生息し、地表近くを素早く飛び回っている姿を見ることができます。

## ●マイマイヒラタヒメバチ

ヒラタヒメバチ亜科

**時**：一年中 / **寄**：鱗翅目蛹

森林環境で見ることのできるヒメバチの一種です。中〜小型の蝶や蛾に寄生します。年に複数回発生することが確認されていて、5 月から 11 月まで長くに渡って見られます。また本種の属する *Pimpla* 属は最も身近なヒメバチの一つです。

## ●ツマグロオナガバチ

オナガバチ亜科

**時**：初夏 / **寄**：材木中の昆虫

名古木で見られる材木依存のヒメバチでは比較的大型なオナガバチの仲間です。名古木ではコナラの若い倒木や立ち枯れ周辺で見ることができ、近づいてもあまり逃げずに悠々と木の上を歩いていることが多いです。

**コラム1：ハチの多様性**

ハチについて考えたとき、何種類のハチを思い浮かべますか？「ミツバチ」「アシナガバチ」「スズメバチ」「クマバチ」まで出たところで、次がなかなか出てこなくなる人は結構多いのではないでしょうか。一般にハチという昆虫は社会性を持ち、女王を中心に暮らし、マンションのような巣を作る……そんな存在だと認識されている節があります。しかし実際のところ、集団で社会性を持って暮らすハチはハチの仲間（膜翅目）全体で見てもほんの一部分だけで、ほとんどの種類は単独で生活するスタイルをとっています。

種数基準で見たとき、ハチ全体の中で最も大きな部分を占めるのは、いわゆる「寄生蜂」と呼ばれる連中……つまり、他の昆虫へ寄生し捕食する賢いハチたちです。名古木で調査対象となっていたヒメバチ科のハチだけでも日本から2000種以上、世界では20000種以上が発見されていて、毎年多くの新種が記載されています（ちなみに名古木では約100種が見つかり、うち1種は新種として記載されました）。ヒメバチ科以外に寄生蜂として知られる大きなグループをざっと挙げてもコマユバチ、クロバチ、ヤセバチ、コバチ、セイボウ、アリマキバチなどその数は非常に多く、また形態や生態や寄生する相手も非常に多様です。

# その他の昆虫

注＜**時**：成虫の出現時期＞
＜**体**：体サイズ（カマキリ目のみ翅を含む）＞

## ●トゲナナフシ　ナナフシ科

**時**：5 ～ 11 月 / **体**：57 ～ 75mm

日本のナナフシでトゲが全身にあるのは本種だけです。湿り気の多い林に生息し、ヤツデやバラ類の葉を食べます。基本的に夜行性で、夜道ばたで見ることがあります。秋頃、気温が下がると日中も林内から出てくるとされ、林縁部で見る機会があります。

## ●ニホントビナナフシ　ナナフシ科

**時**：8 ～ 11 月 / **体**：46 ～ 56mm

複眼の後ろの黄色いラインが特徴です。生きている状態であまり見る機会はないですが、後ろ翅は鮮やかな赤色をしています。広葉樹林に生息し、シイ類の葉を食べます。オスはメスとは違い体が茶色ですが、オスを見る機会はほとんどありません。

## ●オオカマキリ　カマキリ科

**時**：7 ～ 12 月 / **体**：68 ～ 95mm

大型のカマキリで、前脚（鎌）で獲物の昆虫などを捕えます。ちょっかいを出すと鎌を振り上げ、翅を広げて威嚇してきます。前脚のつけ根が黄色いのが本種、オレンジなら近縁の（チョウセン）カマキリです。名古木ではオオカマキリしか記録がありません。

## ●コカマキリ　カマキリ科

**時**：8 ～ 11 月 / **体**：36 ～ 63mm

茶褐色や緑色の小さめのカマキリです。緑色の方が珍しいです。前脚（鎌）の内側に黒とクリーム色の模様が見られるのが特徴です。名古木ではオオカマキリなどに比べると、見る機会は少ないかもしれません。地表を歩き回る姿を目にする機会が多いです。

## コラム2：分布を拡大する外来種・ムネアカハラビロカマキリ

中国原産の外来種、ムネアカハラビロカマキリの侵入により、在来のハラビロカマキリの生息が脅かされています。2006 年の発見以来、急速に分布を広げ、過去 5 年間で秦野市や中井町を中心に発見例が相次いでいます。相模原市や川崎市など各地で点々と分布が広がる理由として、市販の中国産竹箒に付着した本種の卵が購入先で孵化し、定着する事例が報告されています。

本種は、在来のハラビロカマキリに対し顕著な侵略性があることが示唆されており、秦野市の既に定着が確認される場所で、ほぼ全てのハラビロカマキリがムネアカハラビロカマキリに置き換わったことが報告されています。名古木も例外ではありません。調査を開始した 2017 年は本種 1 個体が確認された程度でしたが、以降確認数は確実に増えています。当地でハラビロカマキリとの競合は不確実ですが、今後注意が必要です。

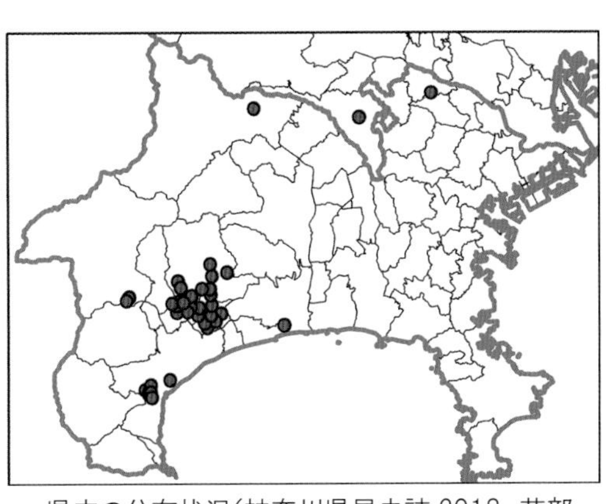

県内の分布状況（神奈川県昆虫誌 2018、苅部・加賀,2019 を基に作成）

対策の 1 つとして、本種の分布拡大の状況を正確に把握することが求められます。そのために両種の識別点を理解し、より多くの人の目で探すことが有効です。背面にオオカマキリにはない白斑があることは両種に共通しますが、ハラビロカマキリよりも本種の方が体は大きく、胸部も長く見えるのが特徴です。また、前脚基節部分に、ハラビロカマキリは突起が 3 つしかないですが、本種は 8～9 個あります。今後の動向を注意して見てみましょう。

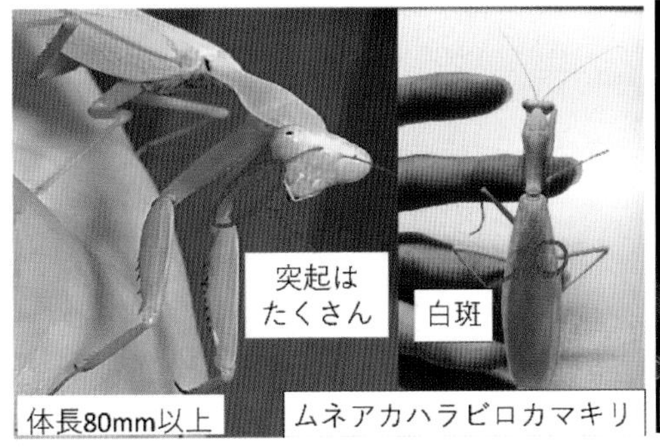


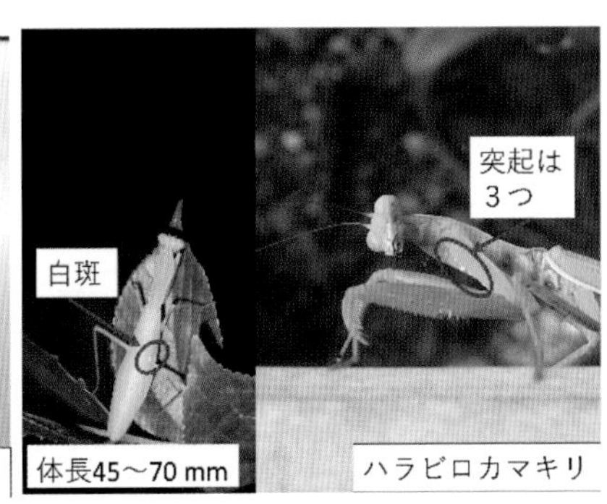


ムネアカハラビロカマキリ（左）とハラビロカマキリ（右）の見分け方

## ●ヒメナガメ　カメムシ科

**時**：5～9月 / **体**：6～9mm

アブラナ科の多い草地に生息します。似た種にナガメがいますが、背中の黒色紋が本種の方が多いので区別できます。ナガメは神奈川県内の広い地域に生息するのに対し、本種は分布が限定的で県の絶滅危惧Ⅱ類に指定されていましたが、近年分布を広げ県内各地で確認されます。

## ●ツノトンボ　ツノトンボ科

**時**：5～9月 / **翅（開張）**：63～75mm

一見トンボのような見た目とチョウのような触覚のある昆虫です。名前にトンボと付きますが、実はウスバカゲロウの仲間です。夜間灯火にも飛んできます。ススキが生えるような乾いた草地に生息するため、名古木の管理された草地を指標する生物の１つです。

## ●エサキモンキツノカメムシ

ツノカメムシ科

**時**：4～11月 / **体**：11～13mm

背中のハートのようなクリーム色の模様が特徴的です。見た目は鮮やかですが、触るとカメムシ特有の強烈な臭いを発します。メスが産卵した卵や幼虫を、保護する習性があります。食草はミズキやハゼノキであり、こうした樹木の近くで見られます。

## ●アオオサムシ

オサムシ科

**時**：5～9月 / **体**：22～33mm

緑色、赤銅色、黄褐色など色彩変化に富み、光沢がある綺麗なオサムシです。ミミズや動物の死体などを食べます。湿り気のある崖などで成虫越冬します。飛ぶことができないので、林床の乾燥化など条件が悪くなると、減少・消滅してしまいます。

## ●ミイデラゴミムシ　オサムシ科

**時**：5～10月 / **体**：11～18mm

翅は黒地に黄色の紋、それ以外はオレンジ色の目立つ種類です。幼虫はケラの卵を食べるため、ケラの多い名古木では本種の密度も高いです。危険を感じると高温のガスを噴射します。カエルなどの捕食者に飲み込まれてもガスを噴射し、吐き出させることができます。

## ●カブトムシ　コガネムシ科

**時**：6～9月 / **体**：32～53mm

人気が高く、夏を代表する昆虫です。体は黒～茶色で、オスは大きな角が特徴です。幼虫は腐葉土を食べて育ち、成虫はクヌギやコナラの樹液に集まります。ペットとして飼育されることも多いですが、1度飼育を始めた場合は外に逃がさず最後まで飼ってあげましょう。

## ●ノコギリクワガタ　クワガタムシ科

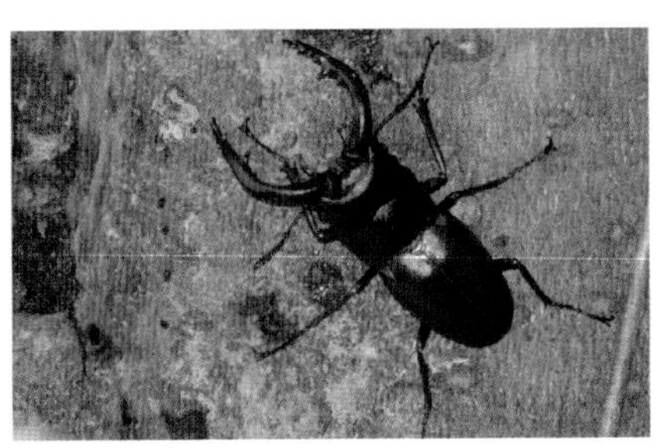

**時**：6～10月 / **体**：26～75mm

名前の通りオスの大アゴの内側がノコギリのようにギザギザしているのが特徴です。大型のオスで、大アゴの湾曲が大きなものは水牛型と言われることもあります。雌雄ともに赤みがかった個体が多いです。里山林を代表する昆虫で、樹液に集まる姿を見ることができます。

## ●ヤマトタマムシ　タマムシ科

**時**：6～8月 / **体**：25～40mm

緑色の金属光沢は美しく、角度によっては青みがかって見えます。その美しい翅は国宝の装飾などにも用いられる程です。成虫はエノキやサクラ類の葉を食べます。名古木ではエノキの大木の高い所に集まっていますが、体が大きいので下から飛翔する姿が確認できます。

## ●ニホンキマワリ　ゴミムシダマシ科

**時**：5 ～ 9 月 / **体**：16 ～ 20mm

翅には筋があり、黒～銅光沢が強いです。また、脚が長いのも特徴です。日中に樹木の幹、枯れ木などを歩き回るので、「キマワリ」と言う名前がついたとされています。成虫、幼虫ともに朽ち木を食べ、幼虫は朽ち木の中で育ちます。

## ●ルリカミキリ　カミキリムシ科

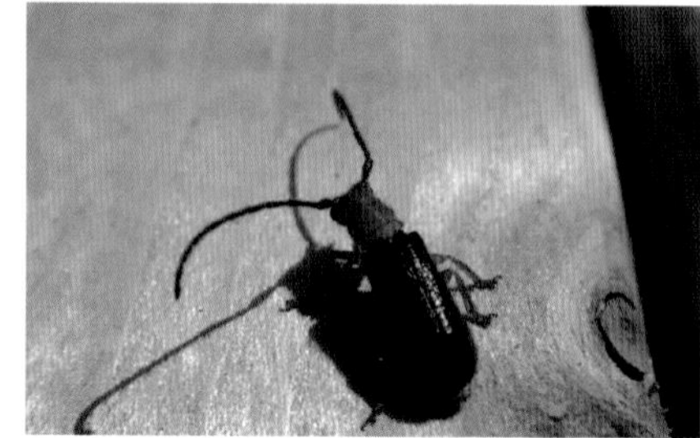

**時**：5 ～ 7 月 / **体**：9 ～ 11mm

翅が光沢のある藍色、それ以外がオレンジ色の綺麗なカミキリムシです。本来落葉広葉樹林に生息し、バラ科のカマツカなどを利用していますが、ナシやリンゴなどの果樹にも集まります。都市化による生息地の減少で県内でも見られる場所が限られています。

## ●マメハンミョウ　ツチハンミョウ科

**時**：5 ～ 10 月 / **体**：12 ～ 18mm

赤い頭、背中の 3 本の縦筋が特徴です。県内で減少傾向にありますが、名古木では畦に大量発生しています。幼虫はイナゴ類などバッタの仲間の卵に寄生し、卵を食べて成長します。体液には毒性の強いカンタリジンが含まれるため、素手で触らない方がよいです。

## ●ビロウドツリアブ　ツリアブ科

**時**：3 ～ 6 月 / **体**：7 ～ 11mm

早春のみ成虫が見られることから、「春の妖精」の 1 種とも言われます。普通種ですが、金色の毛がふさふさして可愛らしく、まさに春の訪れを感じさせてくれる昆虫です。日当たりのよい環境で、ホバリングしながら吸密する姿を見ることができます。

# 鳥類

注<**体**：体サイズ **環**：生息環境>

## ●キジ キジ科

**体**：60 ～ 80cm / **環**：農耕地など

留鳥として本州から九州にかけて生息しています。繁殖期になるとオスは「ほろうち」とよばれる鳴きながらはばたく行為をします。メスは地味な色ですが、オスは鮮やかな羽衣で蹴爪と呼ばれるキジ科のオスだけにある爪があります。

## ●カルガモ カモ科

**体**：58 ～ 63cm / **環**：川や水田など

本州では留鳥として生息する大型のカモです。水辺環境に広く生息し、名古木の棚田では主に夜間に見られます。水生生物も食べますが、基本的には植物食で、ドングリのほかイネ科植物の種子も食べることから稲作の害鳥とされることもあります。

## ●コジュケイ キジ科

**体**：27cm / **環**：藪や林縁

狩猟目的で日本に放鳥された外来種です。「チョットコイ、チョットコイ」と聞こえる大きな鳴き声で鳴きます。通常数羽程度の群れで行動し、藪の中をガサゴソと音を立てながら餌を食べます。地上で採食するので、積雪の多い地域では生き残れません。

## ●アオサギ サギ科

**体**：95cm / **環**：川や水田など

本州では留鳥として分布し、川や池など水域に広く生息しますが、名古木の棚田では見る機会は少ないです。長い首が特徴的ですが、飛ぶときは首を折りたたみます。主にカエルや魚などを食べ、時には自身の頭よりも大きな魚を丸呑みすることもあります。

## ●キジバト　ハト科

**体**：33cm ／ **環**：山地から低地

本州では留鳥として分布し、山地から低地の樹林、市街地の公園などに生息しています。地味な色で林の中では見つけづらいですが、「デデッデポッポ」というよく通る低い鳴き声で鳴きます。基本的には地上で植物質の餌を食べますが、樹上で木の実などを食べることもあります。

## ●アオバト　ハト科

**体**：33cm ／ **環**：広葉樹林

黄緑色をしたハトの仲間で、丹沢周辺のエリアでは留鳥、または夏鳥として生息します。「オアーオー」という特徴的な高い鳴き声で鳴きます。主な餌は木の実で、普段は樹林の中に生息しますが、夏になると塩分やミネラル分を補うために海岸まで海水を飲みに行くことが知られています。

## ●アマツバメ　アマツバメ科

**体**：20cm ／ **環**：山地など

日本には夏鳥として飛来し、高山や海岸の断崖、時には市街地近くの高架橋などでも繁殖することが知られています。名古木では夏から秋にかけて、群れではるか上空を高速で飛んでいる様子が見られます。名前に「ツバメ」と付いていますが、ツバメの仲間とは全く別の鳥です。

## ●ヒメアマツバメ　アマツバメ科

**体**：13cm ／ **環**：山地や平野部

本州の太平洋側に留鳥として生息しています。アマツバメによく似ていますが、アマツバメよりも一回り小さく尾も短いです。建物の軒下や高架橋などを繁殖の場やねぐらとして利用し、相模川に架かる橋では多く見ることができます。アマツバメ同様、はるか上空を高速で飛び回ります。

## ●ホトトギス　カッコウ科

**体**：27.5cm / **環**：山地や低地の樹林

日本には夏鳥として飛来し、「キョッキョッキョキョキョ」というウグイスに似た大きな鳴き声で昼夜問わずに鳴きますが、姿はなかなか見ることができません。自分では子育てを行わず、主にウグイスに托卵します。秋になると巣立ったばかりの幼鳥を見かけることが多くなります。

## ●カワセミ　カワセミ科

**体**：17cm / **環**：川や湖沼など

本州には留鳥として生息し、その鮮やかな見た目や綺麗な鳴き声から「清流の宝石」とも言われますが、実際には農業用の用水路など様々な水辺環境を利用しています。小魚などを餌にしますが、名古木の環境は採餌環境というよりは繁殖地やねぐらとして利用していると考えられます。

### コラム3：渡り鳥の区分

鳥のなかには、スズメのように夏でも冬でも見られる種類と、ツバメのようにある時期になると現れ、ある時期になると去る種類がいます。前者は「留鳥」、後者は「渡り鳥」といわれ、多くの鳥は夏と冬を別の場所で過ごす「渡り鳥」です。

渡り鳥には見られる季節によって種類があり、一般に「夏鳥」、「冬鳥」、「旅鳥」の 3 種類があります。夏鳥は夏になると繁殖のために南方から渡ってくる渡り鳥で、冬鳥は厳しい冬を越すために北方の繁殖地から渡ってくる渡り鳥です。「旅鳥」は北方にある繁殖地と南方の越冬地を行き来する途中で通過する渡り鳥で、春と秋に見られることが多いです。

このほかにも、夏は涼しい山地で過ごし、冬は比較的温暖な低地に降りてくるといった小規模な渡りをする「漂鳥」や、本来の渡りのルートから外れて迷行する「迷鳥」という区分もあります。

### ●トビ　タカ科

**体**：59 ～ 69cm / **環**：海岸や山地など

本州では留鳥として分布する大型の猛禽類です。山地から湖沼、海岸近くまで広く生息し、市街地でも見ることがあります。名古木では最もよく見られる猛禽類の一つで、黒っぽい体と三角形のような形の尾が特徴的です。主に死肉を食べますが、生きた小動物を食べることもあります。

### ●サシバ　タカ科

**体**：47 ～ 51cm / **環**：山麓の谷戸田など

本州には夏鳥として飛来する猛禽類ですが、神奈川県で繁殖する個体は多くありません。名古木では春秋の渡りの時期に 1 ～数羽程度の群れを見ることがあります。低地から山地の林で繁殖し、カエルなどを雛に与えて子育てすることから、良好な谷戸環境を代表する生物とされます。

### ●ノスリ　タカ科

**体**：52 ～ 57cm / **環**：林や農耕地など

関東周辺では留鳥として分布します。繁殖期は低地から山地の林で繁殖し、冬になると低地の農耕地や河原、市街地の公園などでも見られます。名古木ではトビに次いでよく見られ、トビと比べて白っぽくて尾に丸みがあるのが特徴的です。小型哺乳類や昆虫、カエルなどを餌とします。

### ●ハチクマ　タカ科

**体**：57 ～ 61cm / **環**：低山の林など

本州には夏鳥として飛来し、低山の林で繁殖します。人目に付きにくい場所に営巣をすることもあり神奈川県ではあまり繁殖の記録はありませんが、秦野市では春秋の渡りのシーズンに多くの個体が通過する様子が観察されます。ハチ類を主食とする特異的な猛禽類としても知られています。

## コラム4：サシバとハチクマの生活史

渡りをするタカの代表格であるサシバとハチクマはとても興味深い生態をしています。サシバは早くて3月下旬ころには越冬地である南西諸島や東南アジアから本州にやって来ます。オスはメスよりも先に繁殖地へ来て、縄張りを確保したうえでメスの到着を待ちます。4月下旬ころから抱卵が始まり、1カ月ほどで雛が孵化します。さらに1カ月たつ頃には雛が巣立ち始め、9月から10月ころには越冬地へ向けての渡りを開始します。この時期は「秋の渡り」と呼ばれ、全国各地で「鷹柱」と呼ばれる大規模な渡りが見られます。

また、サシバは谷戸に代表される里山環境を好んで利用します。里山環境では営巣できる樹林と狩場となる開放地が隣接しており、サシバはこういった環境でヘビやトカゲ、カエルや昆虫などを捕まえて雛を育てます。そのため、サシバは良好な里山環境の指標種とされます。

サシバが4月には飛来するのに対し、ハチクマの到着は5月中旬と遅く、到着するとすぐに繁殖行動を始めます。遅くても8月初旬までに雛は巣立ち、1カ月ほどたつともう越冬地へ向けた渡りが始まります。繁殖期はミツバチやスズメバチの巣を破壊し、蜂の子を主食とします。飛来が遅いわりに渡去が早いという忙しい繁殖期を送るハチクマにとって、栄養豊富な蜂の子は欠かせない食料なのかもしれません。

ハチクマは渡りのルートも特徴的です。春は越冬地の東南アジアから朝鮮半島を経由するルートで飛来するのに対し、秋は九州から東シナ海を横断して直接大陸へ渡ります。なぜ秋にリスクの大きい海上のルートを使用するのか、詳しいことは分かっていませんが、この時期特有の風を利用していると考えられています。

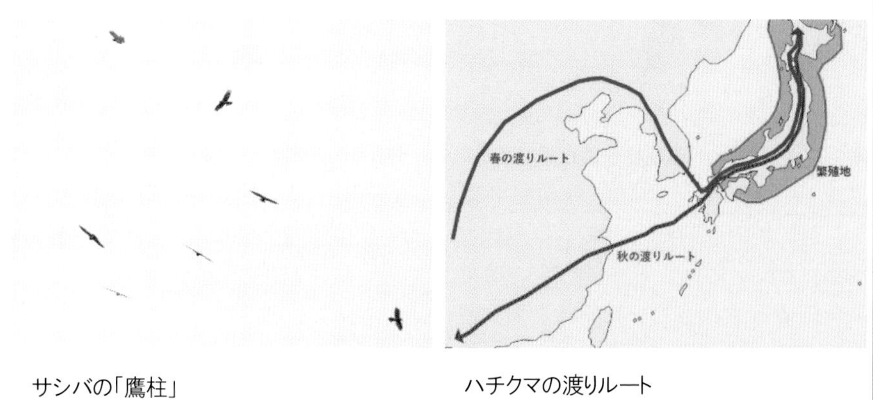


サシバの「鷹柱」　　ハチクマの渡りルート

## ●オオタカ　タカ科

**体**：50 ～ 57cm / **環**：林や農耕地

本州では留鳥として生息する猛禽類で低地から山地の林で繁殖し、冬には農耕地や市街地にも出現します。成鳥は腹に横縞模様がありますが、幼鳥には縦縞模様があります。主にスズメやムクドリ、ハト類などの小～中型の鳥類を餌とし、小型哺乳類を捕食することもあります。

## ●ツミ　タカ科

**体**：27 ～ 30cm / **環**：樹林など

ハトぐらいの大きさの小型猛禽類で、ハイタカによく似ていますが、ハイタカよりもやや小さいです。関東周辺では留鳥として生息し、主に林で繁殖しますが、近年では市街地の公園でも繁殖を行うことが知られています。主にスズメやシジュウカラなどの小型鳥類や昆虫類を捕食します。

## ●ハイタカ　タカ科

**体**：32 ～ 39cm / **環**：林や農耕地

本州では、山地の林で繁殖し冬になると低地の農耕地などでも見られるため、漂鳥とされます。名古木では主に冬に観察されることが多いです。習性はオオタカに近く、形態もよく似ていますが、オオタカよりも二回りほど小さいです。主にスズメなどの小型鳥類を餌とします。

## ●フクロウ　フクロウ科

**体**：48 ～ 52cm / **環**：樹林

低地から山地の樹林に留鳥として生息する夜行性の猛禽類で、名古木の生態系のトップに立つ生き物の一つと考えられます。「ホーホー、ホーホホホーホー」や「ギャー」といった鳴き声で鳴くほか、犬のような鳴き声で鳴くこともあります。主にネズミ類などの小型哺乳類を捕食します。

## ●ハヤブサ ハヤブサ科

**体**：41 ～ 49cm / **環**：山地や海岸など

主に留鳥として生息します。海岸や山地、市街地でも繁殖し、冬になると低地の農耕地などでも見られますが名古木では稀です。飛んでいる鳥を急降下して襲います。ハヤブサの仲間は近年までタカに近いと考えられていましたが、最近の研究でオウムなどに近いことが分かりました。

## ●アカゲラ キツツキ科

**体**：23.5cm / **環**：山地などの樹林

本州では漂鳥に位置付けられるキツツキで、名古木では主に冬に観察されます。アオゲラよりも高い鳴き声で「キョッキョッ」と鳴きます。主にアリ類を多く捕食し、ツタウルシなどの植物質の餌を食べることもあります。オスには頭に赤い部分がありますが、メスにはありません。

## ●コゲラ キツツキ科

**体**：15cm / **環**：樹林

留鳥として生息する小型のキツツキで、冬になるとシジュウカラなどと混群を形成することが知られています。小規模な樹林にも生息し、枯れ木の多い環境を好むと考えられますが、竹林は避ける傾向にあります。コツコツと木をつつく音や、「ギー、チッチッ」という鳴き声で見つけられます。

## ●アオゲラ キツツキ科

**体**：29cm / **環**：樹林

世界でも本州から九州にのみ生息する日本固有のキツツキで、低地から山地の面積の大きな樹林に留鳥として生息し、幹が太い木の多い樹林を好むと考えられています。よく通る声で「ピョー」や「キョッキョッ」、「ケレケレケレ」と鳴き、ドラミングと呼ばれる高速で木を叩く音も出します。

## コラム5：森におけるキツツキの役割

キツツキ類は様々な目的で木をつつきます。一つは採餌のためです。キツツキは木の中にいる甲虫の幼虫やアリを食べるので、そのために木の皮をはがしたり幹に穴をあけたりします。ほかにも、「ドラミング」と呼ばれる行動でも木をつつきます。ドラミングは縄張りの主張など、他の個体に自分の存在を知らせるために高速で木をつつく行動で、アカゲラやアオゲラは「ドロロロロ」とよく響く音が出ます。そして、繁殖やねぐらのために木に大きな穴をあけることもよく知られていて、適した穴を掘るために試し穴を掘ることも知られています。

これだけ木をつつくと木がボロボロになって森が廃れてしまうと思われてしまうかもしれません。確かにシイタケのほだ木への被害などはありますが、実は森にとって欠かせない存在なのです。例えば、名古木にも生息するアカゲラはマツノマダラカミキリという昆虫の幼虫の捕食者として知られています。このマツノマダラカミキリは「松枯れ病」と呼ばれる樹木感染症の媒介者であり、そんなマツノマダラカミキリを捕食するアカゲラは森の木を守る存在でもあるのです。

また、森にすむ生き物には樹洞をすみかとするものが多くいますが、その中でもキツツキ類は自分の力で木に穴をあけることができる特異な生き物です。スズメやムクドリといった鳥類のほか、ムササビなどの哺乳類は子育てなどで樹洞を利用しますが、自分で木に穴をあける能力はほとんどありません。そこで、これらの動物はキツツキが掘った穴を利用します。このように、キツツキ類は森の生き物たちに巣穴を提供する重要な役割を担っているのです。一見森を傷つけているように見えるキツツキは、実は森やそこに住む生き物にとって重要な存在なのです。

アカゲラの古巣で子育てするムクドリ

## ●サンショウクイ　サンショウクイ科

**体**：20cm / **環**：落葉広葉樹林

亜種サンショウクイは本州には夏鳥として飛来しますが、近年、南西諸島の亜種リュウキュウサンショウクイの分布が北上し、神奈川県では留鳥として通年確認されています。高い枝や葉の間で昆虫やクモを捕食します。「ヒーリーリ」という、高い特徴的な鳴き声で鳴きながら飛びます。

## ●サンコウチョウ　カササギヒタキ科

**体**：17.5 ～ 44.5cm / **環**：樹林

本州には夏鳥として飛来し、低地から山地のよく茂った林で繁殖します。オスの成鳥は尾が非常に長いのが特徴的です。名古木では成鳥のほかに尾が短い幼鳥も、秋に群れで飛び交う様子を見ることができます。「チーチョ、ホイホイホイ」という口笛のような綺麗な鳴き声で鳴きます。

### コラム6：リュウキュウサンショウクイの北上

サンショウクイには、本州などに夏鳥として飛来する亜種サンショウクイと南西諸島などに留鳥として生息する亜種リュウキュウサンショウクイの 2 亜種がいて、近年は別種とされることもあります。このリュウキュウサンショウクイは近年分布の拡大が確認されています。2008 年以降、九州北部から四国南部へ拡大し、2010 年代に入ると和歌山県など西日本でも確認されるようになりました。神奈川県では 2012 年に松田町で、2015 年には秦野市でも確認され、現在では県内の樹林で普通に見られるようになりました。

秦野市では最近リュウキュウサンショウクイの繁殖が確認され、さらなる拡大や定着が予想されています。亜種サンショウクイ　とは頭の模様や鳴き声が異なり、「ヒリリリリ」と鳴きます。なぜリュウキュウサンショウクイの分布が急速に北上しているのか詳しい理由は分かっていませんが、今後も要注目です。

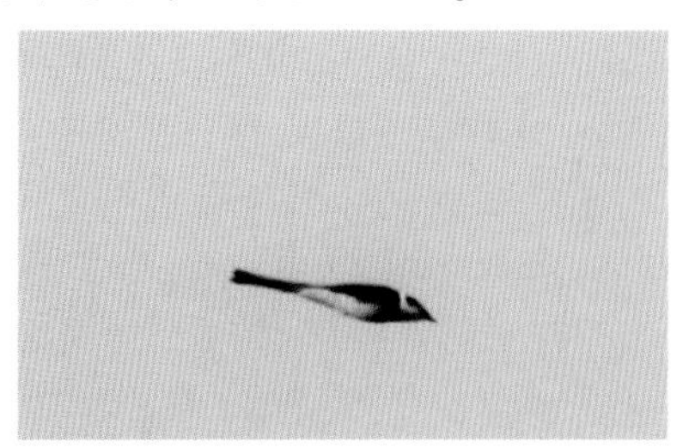

リュウキュウサンショウクイ

## ●オナガ　カラス科

**体**：37cm / **環**：市街地など

留鳥として生息するカラスの仲間で、低地から山地の集落付近の雑木林や市街地の公園などに群れで見られます。名古木では棚田の入口周辺で見られることがあります。「グェーイ、グェーイ」や「グェイグェイグェイ」というしわがれた鳴き声でけたたましく鳴きます。

## ●カケス　カラス科

**体**：33cm / **環**：樹林

山地の林で繁殖し、秋から冬にかけて低地の樹林でも見られる漂鳥です。名古木では 10 月以降に見られます。開けた場所にはなかなか出てこないので、姿を見ることは難しいですが、「ジューィ」という特徴的な鳴き声を頼りに発見することができます。雑食で、ドングリをよく食べます。

## ●ハシブトガラス　カラス科

**体**：56.5cm / **環**：山地や市街地など

名古木で最も普通に見られる鳥の一つで、留鳥として日本の山地から市街地などに広く生息しています。雑食で、市街地の生ごみから鳥の卵や雛など様々なものを食べます。「カァー」という鳴き声で鳴き、ハシボソガラスより嘴が太いことや額が出っ張っていることが特徴的です。

## ●ハシボソガラス　カラス科

**体**：50cm / **環**：農耕地など

農耕地や海岸などに留鳥として生息し、最近は市街地でも見られるようになっています。名古木でも普通に見られますが、数では圧倒的にハシブトガラスの方が多いです。「ガァー」という鳴き声で鳴き、秋冬には規模の大きな群れを作り集団でねぐら入りすることが知られています。

## ●ヒヨドリ　ヒヨドリ科

**体**：27.5cm / **環**：樹林など

留鳥として日本全国に生息しますが、季節によって移動を行っていると考えられています。山地の樹林から市街地の街路樹まで数多く生息し、柑橘類への農作物被害も確認されています。名古木で最も普通に見られる鳥の一つで、「ヒーヨヒーヨ」という大きな鳴き声で鳴きます。

## ●モズ　モズ科

**体**：20cm / **環**：農耕地など

本州には留鳥として分布し、農耕地や河原、林などに単独で生息しています。名古木では通年見られますが、「キィーキッキッキッ」という高い鳴き声で鳴き、秋の高鳴きのシーズンは特に観察しやすいです。基本的には肉食で、昆虫のほかにカナヘビや小鳥を襲って食べることもあります。

### コラム7：モズの「高鳴き」と「はやにえ」

モズの仲間は、小鳥の仲間では珍しい獰猛な肉食で、その習性も独特です。モズは留鳥ですが、最も観察しやすい季節は秋です。なぜなら、秋になるとモズは縄張りを主張するために「高鳴き」をするからです。枝先や木の頂上で大きな声で鳴くので、とても目立ちます。

また、非繁殖期には「はやにえ」と呼ばれる獲物を木に突き刺して放置する行為も行います。長い間はやにえをする理由は分かっていませんでしたが、最近の研究で繁殖期までにはやにえをほとんど食べつくすことが分かりました。はやにえを多く消費したオスは繁殖期のさえずりの質が良くなり、繁殖に有利になるようです。この「はやにえ」は名古木でも見られます。

モズのはやにえ

## ●コガラ　シジュウカラ科

**体**：12.5cm / **環**：山地の樹林

本州では山地の樹林に留鳥として生息し、冬でも低地に下りてくることは少ないです。針葉樹林にも生息しますが、落葉広葉樹林の環境を好むとされ、名古木ではごくまれに観察されることがあります。「ツィッ、ツツジャージャー」と鳴きます。雑食で、昆虫類のほか木の実などを食べます。

## ●シジュウカラ　シジュウカラ科

**体**：14.5cm / **環**：樹林など

全国的に留鳥として生息し、民家の庭や公園など市街地でも普通に見られます。名古木でも普通に見られ、秋冬になるとエナガなどのほかの種類の小鳥と混群を作って行動している様子を見ることができます。「ツーツーチー」や「ツピツピ」、「ジュジュ」など多様な鳴き声を持ちます。

## ●ヤマガラ　シジュウカラ科

**体**：14cm / **環**：樹林

低地から山地の樹林に留鳥として生息し、名古木でも林縁部などで観察されます。「ツィッ」と鳴くほか、「ニーニー」という特徴的な鳴き声でも鳴きます。また、木の枝をつつく様子も観察されます。虫を食べるほか、硬い木の実を割って食べ、樹皮の隙間に貯食することも知られています。

## ●エナガ　エナガ科

**体**：13.5cm / **環**：樹林など

低地から山地の樹林に留鳥として生息し、名古木でも普通に見ることができます。尾が長いのが特徴的で、混群でもよく目立ちます。通常は数羽から十数羽程度の群れで行動し、「ツリリリ」や「ジュルリ」といった鳴き声で鳴きます。また、クモの巣を利用して巣を作ることが知られています。

## ●ウグイス　ウグイス科

**体**：14 〜 15.5cm / **環**：樹林や草地など

低地から山地の林床がよく茂った樹林や草地に留鳥として生息します。繁殖期の「ホーホケキョ」「ケキョケキョケキョ」のほかに、通年「ジャッジャッ」という鳴き声で鳴きます。繁殖期は枝先で鳴くことが多いので見つけやすいですが、冬は藪の中にいるので見つけづらいです。

## ●ガビチョウ　チメドリ科

**体**：30cm / **環**：樹林

戦後にペットとして輸入されたものが野生化したと考えられる外来種で、平地から低山の樹林に生息します。生態系への悪影響が懸念され、特定外来生物に指定されています。縄張り意識が強く、「ホイピー、ギュルル」など綺麗で大きな声で鳴きます。主に地上で採餌している様子が見られます。

### コラム8：外来種が日本の生態系に与える影響

ガビチョウの巣と卵

外来種とは、他の地域から人為的に持ち込まれた生き物のことであり、日本の他の地域から移入された場合も「外来種」と言います。外来種が必ずしも悪影響を及ぼすわけではないですが、在来種を捕食したり、在来種と生息環境や食料の好みが重複して競争関係になってしまったりすることがあります。中には感染症の媒介や農作物への被害など人間の生活にも直接的に悪影響を及ぼすことがあります。

このような数ある外来種の影響のなかで、あまり知られていないのが「捕食者を介した間接的な影響」です。例えば、ガビチョウが増えたことでガビチョウの卵を食べる他の生き物が増え、その地域に元からいる在来種であるウグイスの卵も捕食してしまうことで結果的にウグイスの数が減ってしまうといったことが起こりえます。このパターンでは、ガビチョウは直接ウグイスに影響を及ぼしていないものの捕食者を介して間接的に影響を及ぼしていることになり、これも外来種による悪影響の一つと言えます。

## ●メジロ　メジロ科

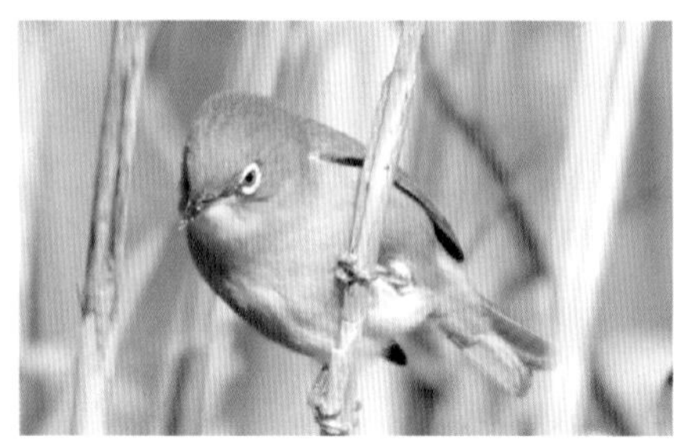

**体**：12cm / **環**：樹林など

関東に留鳥として生息している小鳥で、名古木で最も普通に見られる小鳥の一つです。低地から山地の樹林で繁殖しますが、市街地の公園などでも繁殖します。春にはツバキやサクラの花の蜜を吸いに来る様子が見られます。「チーチー」や「チュルチュルチュル」という鳴き声で鳴きます。

## ●ツバメ　ツバメ科

**体**：17cm / **環**：市街地や農耕地など

日本には夏鳥として飛来しますが、近年は河川敷の草地などで越冬する個体もいることが知られています。民家の軒下などに営巣し、名古木では夏に「チュピッ、ツピッ」といった鳴き声で鳴きながら十数羽程度の群れで上空を飛び交っている様子を見ることができます。

## ●ムクドリ　ムクドリ科

**体**：24cm / **環**：農耕地など

本州には留鳥として生息しますが、春秋に移動する個体もいることから漂鳥でもあります。通常は数羽から十数羽程度の群れで行動し、ねぐら入りの時間には数百羽もの大きな群れを見ることもあります。市街地や農耕地で普通に見られますが、名古木の棚田周辺ではまれに見られる程度です。

## ●イワツバメ　ツバメ科

**体**：13cm / **環**：市街地や山地など

日本には夏鳥として飛来し、低地から山地の建物や橋の下などで営巣します。ツバメに混じって飛んでいることがあり、名古木でも、たまにツバメとともに飛んでいる様子を見ることがありますが、ツバメとは喉と腰が白いことや尾が短いことなどから見分けることができます。

## ●ツグミ　ヒタキ科

**体**：24cm / **環**：農耕地など

日本には冬鳥としてシベリアから飛来します。農耕地や市街地で普通に見られ、名古木でも冬には1羽から数羽程度の群れを見ることができます。樹上や地表にある木の実を主に食べ、「クイッ」という鳴き声で鳴きながら飛んでいる様子が見られます。背中の色には個体差があります。

## ●アカハラ　ヒタキ科

**体**：23.5cm / **環**：樹林

関東では夏に亜種アカハラが飛来し、冬に嘴が長く顔の黒っぽい亜種オオアカハラが飛来します。市街地の公園などでも見られますが、開けた所にはあまり出てきません。主に地表でミミズなどを採餌し、「キョロンキョロン」や「チリリ」などと鳴きます。

## ●シロハラ　ヒタキ科

**体**：24cm / **環**：樹林

日本には冬鳥としてロシア沿海州や朝鮮半島などから飛来します。ツグミよりも樹林の地表部にいることが多く、名古木でも地面の枯葉をガサガサと音を立てて餌を探している様子が見られます。「キョロンキョロン」という鳴き声で鳴き、「ツィー」という高い鳴き声でも鳴きます。

## ●イソヒヨドリ　ヒタキ科

**体**：25.5cm / **環**：海岸や市街地など

本州には留鳥として生息しています。名前に「ヒヨドリ」と付いていますが、ヒヨドリとは違う仲間です。名古木では棚田への入り口付近で稀に見かけることがあります。オスは青と赤褐色のカラフルな色合いですが、メスや若鳥は茶色っぽい地味な色をしています。

## ●ルリビタキ　ヒタキ科

**体**：14cm / **環**：樹林

本州では高山などで繁殖し、冬になると低地の樹林でも見られる漂鳥で、名古木では冬に樹林で見られます。オスの成鳥は青とオレンジの羽衣ですが、メスや若鳥は尾の周辺のみ青いです。高い鳴き声で「ヒッヒッ」と鳴き、冬はすぐ近くで観察することができます。

## ●エゾビタキ　ヒタキ科

**体**：14.5cm / **環**：樹林

カムチャッカやサハリン、ロシア沿海州などで繁殖し、フィリピンなどの越冬地へ向かう途中に日本を通過する旅鳥ですが、越冬地から繁殖地へ向かうシーズンの春にはほとんど見られません。低地から低山の林で秋に見られることが多く、名古木でも 9 ～ 10 月にかけて見ることができます。

## ●ジョウビタキ　ヒタキ科

**体**：14cm / **環**：農耕地など

本州には冬鳥として大陸から飛来しますが、近年では国内での繁殖も確認されています。オスは黒と灰色の頭にオレンジ色の腹が特徴的で、メスは尾の周辺のみオレンジ色です。高い鳴き声で「ヒッヒッ」と鳴き、冬になると市街地でもよく見かけることがあります。

## ●キビタキ　ヒタキ科

**体**：13.5cm / **環**：樹林

東南アジアから夏鳥として飛来し、名古木でも夏にさえずりをよく聞きます。オスは黒と黄色の体に胸がオレンジ色の羽衣ですが、メスはオリーブ褐色の地味な色をしていて、とても見つけにくいです。広葉樹林でよく見られ、「ホイヒーロ」といったさえずりを聞くことができます。

## ●キセキレイ　セキレイ科

**体**：20cm / **環**：水辺など

本州では留鳥として分布するセキレイの仲間で、低地から高山の水辺に生息しています。名古木では通年観察され、観察頻度も高いです。腹がレモン色なのが特徴で、夏には喉が黒い個体を見ることもあります。「チチン、チチン」と鳴きながら波状に飛んでいる姿を見ることが多いです。

## ●セグロセキレイ　セキレイ科

**体**：21cm / **環**：水辺など

日本に留鳥として生息するセキレイで、内陸の湖沼や河原で見ることができます。名古木の棚田周辺ではたまに1～2羽程度いる様子を見ることがあります。鳴き声は「ヂヂッ、ヂヂッ」という濁った鳴き声をしています。ハクセキレイよりも顔の下半分が黒いのが特徴です。

## ●ハクセキレイ　セキレイ科

**体**：21cm / **環**：農耕地など

本州では留鳥として分布するセキレイで、農耕地や市街地などで普通に見ることができます。名古木の棚田周辺で観察される機会は多くはありませんが、市街地では警戒心の薄い個体もいるため近くで観察できます。「チチッ、チチチッ」という鳴き声で鳴き、地面の昆虫を捕食します。

## ●スズメ　スズメ科

**体**：14cm / **環**：農耕地など

日本全国に留鳥として生息し、農耕地や市街地などで普通に見られますが、名古木の棚田周辺では見る機会は少ないです。草の種子や昆虫類など食べ、名古木の棚田周辺ではクリの木に集まる様子が見られます。「チュン、チュン」や「ジュルルルルル」といった鳴き声で鳴きます。

## ●イカル アトリ科

**体**：23cm / **環**：樹林

山地の広葉樹林で繁殖し、冬は低地の樹林でも観察される漂鳥または留鳥です。名古木では主に冬に観察されます。黄色くて太い嘴が特徴的で、ムクノキやエノキの実などを食べ、地上で採餌することもあります。「キーキーヨコヨキイー」と鳴き、冬でもこの鳴き声で鳴きます。

## ●カワラヒワ アトリ科

**体**：14.5cm / **環**：農耕地など

日本には留鳥として生息しますが、やや大きい亜種オオカワラヒワが冬鳥として飛来します。農耕地や市街地などで見られ、時に数十羽の大群でいる様子も見られます。「キリリ、コロロ」や「ジューイ」という鳴き声で鳴き、植物の種子を食べます。飛ぶと翼の黄色い部分がよく目立ちます。

## ●シメ アトリ科

**体**：18cm / **環**：樹林

本州には北海道などから冬鳥として飛来し、名古木でも冬から春先にかけてよく観察されます。落葉広葉樹林に多く、カエデ科やシデ類などの種子を食べます。「チッ」や「ツッ」、「キチッ」といった短く切るような鳴き声で鳴きます。深い波状を描いて飛びます。

## ●ベニマシコ アトリ科

**体**：15cm / **環**：樹林など

本州には北海道などから冬鳥として飛来します。樹林や河岸の草原などで見られ、名古木でも冬に見ることができます。オスは淡い赤の羽衣が特徴的ですが、メスは淡い黄褐色で地味な羽衣です。主に樹上で木の実を食べる様子が見られますが、地上でも採餌する様子も見ることができます。

## ●ホオジロ　ホオジロ科

**体**：16.5cm / **環**：草地や林縁部など

本州には留鳥として生息し、名古木でも通年確認されますが、春から夏にかけてよく見られます。「チョッピーチリーチョ」とさえずるほか、「チチッ」という鳴き声でよく鳴きます。草地環境の代表的な生物種の一つですが、樹林の林縁部などでも見られることがあります。

## ●アオジ　ホオジロ科

**体**：16cm / **環**：樹林など

本州には北海道やロシア沿海州などから冬鳥として飛来します。主に樹林の藪などに生息しますが、草地でも見ることがあり、名古木の棚田周辺でも冬から春先にかけて数多く見ることができます。オス・メスともに腹が黄緑色で、オスは頭が緑灰色です。「チッ、チッ」と鳴きます。

## ●カシラダカ　ホオジロ科

**体**：15cm / **環**：草地など

本州にはサハリンやカムチャッカなどから冬鳥として飛来します。頭部の毛が立ち、頭が高く見えることからこの名前が付きました。主に草地で観察されますが、名古木の棚田周辺では林縁部でも見られます。「チッチッ」という細い鳴き声で鳴き、群れでいることが多いです。

## ●クロジ　ホオジロ科

**体**：17cm / **環**：樹林

山地のササが多い樹林で繁殖し、冬になると低地の樹林に飛来する漂鳥です。神奈川県レッドデータブックで繁殖期の絶滅危惧Ⅰ類に指定されていて、アオジと比べると見る機会は少ないですが、名古木では主に春と秋に見られます。アオジよりも細い声で「チッ、チッ」と鳴きます。

# 両棲爬虫類

注＜**繁**：繁殖期　**体**：体サイズ＞

## ●アカハライモリ　イモリ科

**繁**：4～7月 / **体**：12～14cm

かつては日本全国の水田やため池に見られた身近な種でしたが、近年急速にその数を減らしています。性成熟に3年程度必要なことからも一度減少すると個体数の回復が難しく、近年ではペット需要の増大による乱獲なども大きな問題となっています。

## ●ニホンアマガエル　アマガエル科

**繁**：5～7月 / **体**：3～4cm

南西諸島を除く日本全国に生息していて、最も身近な種と言えるでしょう。初夏には棚田にグワッグワッという大きな鳴き声が響き渡ります。鳴嚢によって増幅された鳴き声は、数km先にまで聞こえることがあるそうです。

## ●アズマヒキガエル　ヒキガエル科

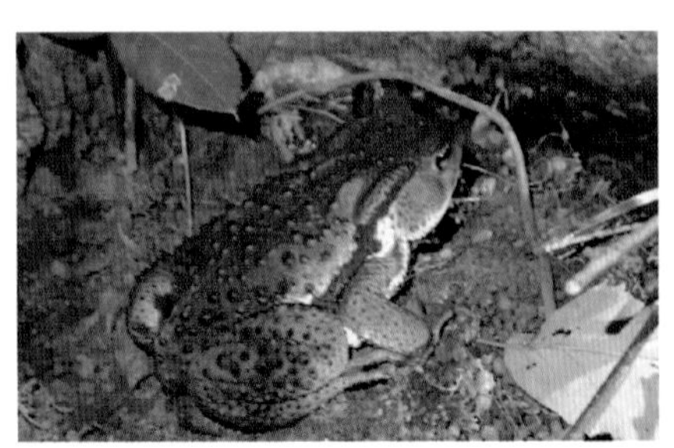

**繁**：2～5月 / **体**：4～16cm

里山環境から、民家の庭先まで様々な場所に生息する大型のカエルです。初春に水辺に集まって、集団で産卵を行い紐状の卵塊を産み落とします。上陸時の子カエルは7mm程度と非常に小さく、2年ほどかけて成熟し、繁殖ができるようになると言われています。

## ●タゴガエル　アカガエル科

**繁**：2～4月 / **体**：3～6cm

名古木では棚田奥の樹林内で繁殖が確認されています。伏流水が流れ出る場所などで産卵を行うため、地中から複雑な鳴き声が聞こえてきます。おたまじゃくしはほとんど餌を食べずに、卵黄の栄養だけで子ガエルに変態するという特徴があります。

## ●ヤマアカガエル

アカガエル科

**繁**：1～4月 / **体**：4～9cm

名古木では初春の2月ころに産卵を行います。日当たりがよく浅い止水を好み、ドン会が作成したビオトープや西側の棚田に産卵しています。繁殖期以外は周辺の林床で生活するため見かける機会は多くありません。秦野市自然環境調査によって水田の指標生物に指定されています。

## ●シュレーゲルアオガエル

アオガエル科

**繁**：4～7月 / **体**：3～5cm

初夏の棚田でオスはキュロロ…コロロ…と美しい鳴き声で雌を誘います。水田脇などの土中に穴を掘り、クリーム色の泡状卵塊を作ります。目の脇に黒いラインがない点でニホンアマガエルと見分けることができます。非繁殖期は樹上などに移動するため見かける機会が少なくなります。

## ●ツチガエル　アカガエル科

**繁**：4～9月 / **体**：3～5cm

水路を好んで利用するため、中央を流れる小川周辺や棚田に作られる「ひよせ」などを主な生活場所としています。幼生は越冬し、カエルになるのに2年かかる個体もいます。松尾芭蕉が詠んだ俳句に出てくるカエルは本種ではないかと言われています。

## ●ヒガシニホントカゲ　トカゲ科

**体**：15～27cm / **毒**：無

幼体の尾は鮮やかな青色をしていますが、成長と共に失われて背面が茶褐色になります。カナヘビと色が似ていますが、本種は体に光沢がある点で見分けることができます。節足動物を捕食していて、石垣や倒木などの隠れ家が近くにある場所でよく日光浴をしています。

## ●ニホンカナヘビ　カナヘビ科

**体**：16 ～ 27cm / **毒**：無

体表に光沢はなく、尾がとても長いのが特徴で、小さな節足動物を捕食して生活しています。夜にはススキの葉の上で休んでいるところを観察することができます。名古木では棚田周辺の草地でよく観察される身近な爬虫類の仲間ですが、とても素早く動くため捕まえるのにはコツが必要です。

## ●シマヘビ　ナミヘビ科

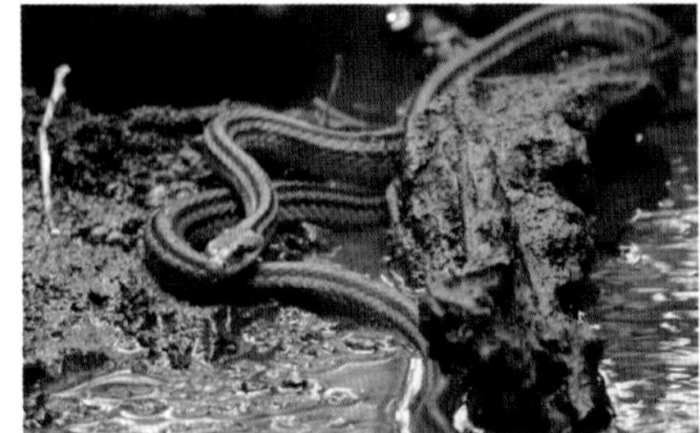

**体**：80 ～ 150cm / **毒**：無

水田等の開けた環境でよく観察されるヘビで、瞳とその周辺の虹彩が赤く、体に 4 本の黒褐色の縦条があるのが特徴です。名古木の棚田でもよく見つかるヘビで、カエルやトカゲ、小型の哺乳類などを捕食します。無毒ですが、脅かすと噛み付いてくる場合があるのでそっと観察しましょう。

## ●ジムグリ　ナミヘビ科

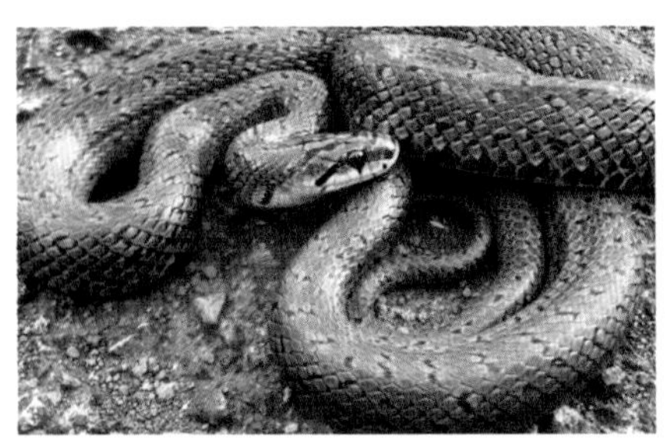

**体**：70 ～ 100cm / **毒**：無

赤みがかった茶褐色の体色で黒い斑点が入りますが、模様や色には個体差があります。餌となる齧歯類の繁殖期である春秋に活発に活動しますが、それ以外の時期には絶食するという変わった生態を持っています。名古木では 3 年間の調査で一度だけ確認されました。

## ●アオダイショウ　ナミヘビ科

**体**：110 ～ 190cm / **毒**：無

シマヘビと同様に民家や田んぼなどでよく見られる身近な種で、目が赤くない点でシマヘビと区別することができます。木登りが得意で腹側の両端にある鱗をひっかけるようにして垂直な壁なども登ることができます。身の危険を感じると総排泄孔から独特なにおいを出します。無毒です。

## ●ヒバカリ　ナミヘビ科

**体**：40 ～ 60cm / **毒**：無

頚部周辺に白い模様が斜めに入るのが特徴です。独特な種名は噛まれると「その日ばかりの命」と言われたことに起因するとされていますが、無毒で人を噛むことはほとんどありません。カエルやおたまじゃくし、小魚、ミミズなどを捕食し、水中を泳ぐ餌を上手に捕まえることができます。

## ●ヤマカガシ　ナミヘビ科

**体**：65 ～ 100cm / **毒**：有

赤や黒の色彩が明瞭で非常に美しい蛇です。水辺付近を好み、カエルなどを捕食します。口内奥から染み出してくる攻撃用の毒と、ヒキガエルが持つ毒を取込み、防御用に用いられる毒の２種類を持ちます。基本的に臆病なヘビで、危害を加えなければ噛まれることはありません。

## ●マムシ　クサリヘビ科

**体**：40 ～ 65cm / **毒**：有

本州に生息する代表的な毒蛇で、水田や畑、その周辺の森林に生息しています。落ち葉に紛れてじっとしていることが多いため、草刈り作業中などは注意が必要です。刺激を与えなければ襲ってきません。見つけてもそっとしておいてあげましょう。　古くから「マムシ酒」など食用にされてきました。

## コラム9：アカハライモリの主食とおやつ

日本固有種（日本にしか生息していない生き物）のアカハライモリは本州、四国、九州とその周辺の島嶼に広く生息しています。

古くから田んぼやため池を代表する生き物として親しまれてきた身近な生き物ですが、近年の水路のコンクリート化や水田の乾田化などによって、その個体数は激減しています。環境省のレッドリストでは「準絶滅危惧種」に、神奈川県が発行している県のレッドデータブックでは「絶滅危惧Ⅰ類（県内では絶滅寸前の状態）」にそれぞれ指定されている点でも危機的な状況であると言えるでしょう。

アカハライモリは 5 月頃に繁殖、産卵場所として水田やため池を利用し、水中の水草などに卵を産みます。孵化するとおたまじゃくしのような幼生が生まれ、ミジンコなど小さな生き物を食べて育ちます。次第に水中で呼吸するためのエラが体に吸収され、子イモリになって陸上に上がります。その後周辺の森林の落ち葉や倒木の下などで 2～3 年ほど生活し、成長して繁殖するために水田へと戻ってきます。このように水域と樹林を行き来する生態を持っているため、その両方の環境が彼らの存続には必要となります。名古木の棚田は樹林に隣接しており、水路も素掘りで管理されているためにアカハライモリが生息できています。そんなアカハライモリは普段どのように生活しているのか、食べているものを中心に名古木の棚田で調べてみました。

アカハライモリは繁殖期の 3～6 月にかけて水田や小さな水溜りに出現します。名古木では水田脇に作られた「ひよせ」にその姿が数多く確認され、流れがある水路や日中水温が高い水田内ではほとんど確認できませんでした。

200 匹のイモリの胃内容物を調べた結果、3～7 月にかけて全ての月で継続的にミズムシとヨコエビの仲間が捕食されていました。彼らの水中での主食と言えるかもしれません。5 月にはキリウジガガンボという昆虫の幼虫を、6 月にはユスリカの幼虫をそれぞれ非常に多く捕食していました。繁殖に多くの体力を使うため、この時期に大量発生する昆虫の幼虫を「おやつ」として食べているようです。

イモリ

イモリの主食「ミズムシ」

# 哺乳類

注＜**食**：食性　**体**：体サイズ（尾を含まない）＞

## ●ジネズミ　トガリネズミ科

**食**：小型昆虫やクモ類 / **体**：6 ～ 8cm

一見ネズミのような見た目ですが、鼻先がとがっていて、モグラに近い仲間です。しかし、前足は発達せず土を掘れないので、河川敷や田畑周辺の茂みで生活しています。生きている姿を見ることはまれで、道に落ちている死体を確認する機会の方が多いです。

## ●アズマモグラ　モグラ科

**食**：土中のミミズや昆虫 / **体**：12 ～ 15cm

樹林や田畑の地中で生活し、姿を見ることはまれです。本種がトンネルを掘る時に土が押し上げられてできる塚（モグラ塚）で生息を確認できます。名古木にはモグラ科のヒミズも生息しますが、モグラ塚ができないため、本種と区別できます。

## ●ヒミズ　モグラ科

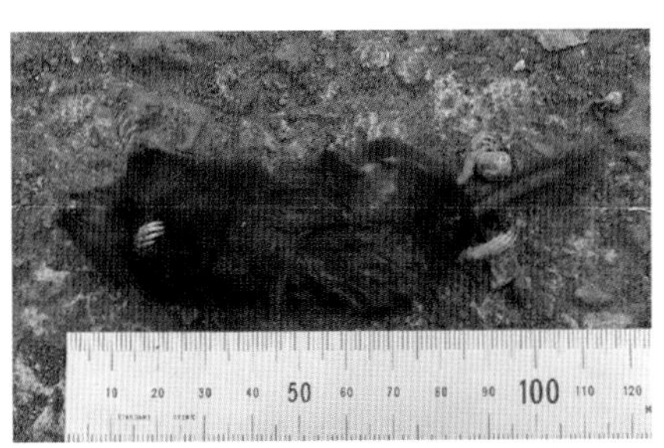

**食**：ミミズや昆虫 / **体**：9 ～ 10cm

小型のモグラで、アズマモグラに比べ尾が長く、ブラシ状に毛が生えるのが特徴です。前足が小さいため完全な地中性でなく、落ち葉下の浅い地中で生活します。モグラ塚はできないので確認が難しく、道に落ちている死体を確認する機会の方が多いです。

## ●カヤネズミ　ネズミ科

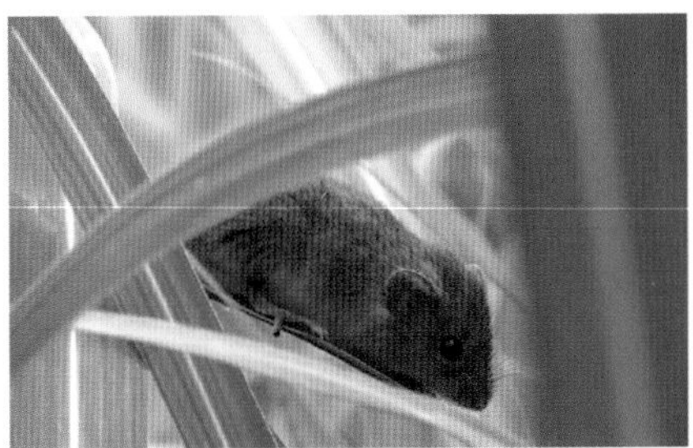

**食**：昆虫や植物の種子 / **体**：5 ～ 8cm

頭から尾のつけ根までの長さが大人の親指、体重も500円玉程の日本最小のネズミです。草地に特化した生態で、植物の茎や葉上を上手に移動します。植物の葉を編んでつくる球形の巣によって生息を確認できます。名古木では5 ～ 12月に巣が見られます。

## ●アカネズミ　ネズミ科

**食**：昆虫や植物の種子 / **体**：8 ～ 14cm

日本固有の野ネズミです。樹林や田畑、河川敷など幅広い環境を利用します。雑食性ですが、昆虫類の少ない冬期、名古木の棚田ではイネ科、マメ科、キク科などの植物を食べていることが分かっています。ジャンプ力が高く、地表を跳ねるように駆け回ります。

## ●ホンドギツネ　イヌ科

**食**：小動物や果実 / **体**：60 ～ 75 cm

都市郊外から山岳地まで様々な環境に生息しますが、主には森林と畑地が混在する田園環境を好みます。タヌキと比べると見る機会は少ないです。ネズミ類や鳥類、大型の昆虫など主に小動物を捕食しますが、果実や畑のトウモロコシ、人家のごみをあさって食べることもあります。

## ●ニホンノウサギ　ウサギ科

**食**：植物の葉や樹皮など / **体**：43 ～ 54 cm

低地から亜高山帯までの森林や草原など様々な環境に見られますが、低地から山地に多いです。夜行性で、名古木の棚田周辺にも生息してはいるものの、その姿はなかなか見ることができません。春から夏にかけて 3 ～ 5 回の出産を連続して繰り返し、一度に 1 ～ 4 頭出産します。

## ●ホンドタヌキ　イヌ科

**食**：小動物や果実など / **体**：50 ～ 60 cm

山地の樹林などに広く生息し、住宅地周辺でも見られます。名古木の棚田周辺でも多く生息していると考えられ、明るい時間に見られることもあります。ネズミ類や鳥類、昆虫、果実のほか、ミミズなどの土壌動物を多く食べます。糞を特定の場所に集中して行う行動も知られています。

## ●アライグマ　アライグマ科

**食**：小動物や果実など / **体**：42 ～ 60 cm

北米原産の外来種で、日本にはペットとして輸入されたものが野生化しました。夜行性で水辺を好みますが、森林や農耕地、市街地などにも生息しています。果実や野菜、鳥類やカエルなど様々なものを食べるため、生態系への影響や獣害の観点から特定外来生物に指定されています。

## ●イエネコ　ネコ科

**食**：人からの給餌や小動物 / **体**：50 ～ 60 cm程度

古くからペットとして飼われていたものが半野生化した外来種です。樹林から市街地まで広く生息し、特に人間の生活圏に多いです。人からの給餌によって個体数が安定しており、鳥類や小型哺乳類を捕殺することから日本の生態系に深刻な影響を及ぼしています。

## ●ニホンイタチ　イタチ科

**食**：小動物 / **体**：16 ～ 37 cm

低地の河川敷などに生息しますが、山地にも生息しています。カエルや鳥類、ネズミ類、昆虫類などの陸上小動物のほか、水に入りザリガニなどの甲殻類や魚を捕食することもあります。メスは大きくても 25 cm程度で、最大で 37 cmにもなるオスよりもはっきりと小さいです。

## ●ニホンアナグマ　イタチ科

**食**：小動物など / **体**：52 cm程度

山地帯下部から丘陵部の森林に生息し、地面にトンネルを掘って、そこをすみかとします。名古木の棚田周辺でもアナグマが掘ったと思われる穴があります。メスを中心とする家族集団で行動し、オスの行動圏とは重複しません。昆虫やミミズのほかに季節に応じて木の実なども食べます。

## ●ハクビシン　ジャコウネコ科

**食**：小動物や果実など / **体**：61 ～ 66 ㎝

東南アジアなどに分布し、日本では本州中部や四国などに生息していますが、明治時代以前の確実な記録がないことなどから外来種であると考えられています。山地帯下部から集落付近に生息し、樹上をよく利用します。鳥類の卵や昆虫を捕食し、農作物への食害も起こします。

## ●イノシシ　イノシシ科

**食**：昆虫や果実など / **体**：110 ～ 160 ㎝

広葉樹林や里山の二次林、農耕地などに広く生息し、名古木の棚田周辺でも夜になると高頻度で遭遇します。雑食性で、地表から地中にかけての各種の動植物を掘り返して捕食し、動物ではミミズやタニシ、カエル、ヘビなどを食べ、植物ではクズやヤマノイモ、ドングリなどを食べます。

## ●ニホンジカ　シカ科

**食**：植物の葉や果実 / **体**：90 ～ 190 ㎝

広葉樹林などに生息し、名古木の棚田周辺では夜によく見るほか、明るい時間帯にもまれに見られます。樹林の中でも尻の白い毛がよく目立ち、メスの「ヒャン」という鳴き声も聞こえます。オスには角がありますが、メスにはありません。イネ科草本やササ、ドングリなどを食べます。

### コラム10：ヤマビルと哺乳類

ヤマビルは日本に生息する唯一の陸生吸血ヒルで、4月から11月の湿度の高いときに活発に活動をすることが知られています。主にシカや人間などの陸生哺乳類の血液を栄養源としており、湿度の高い時期に山に入ると知らず知らずのうちに血を吸われているということがあります。ヤマビルは吸血する際にヒルジンという血液の凝固を阻害する化学物質を出すため、一度血を吸われると止血がしにくくなり、とても厄介です。

秦野市では元々北部での被害が相次いでいましたが、近年では南部の弘法山公園などでも被害が確認されています。このようなヤマビルの生息拡大にはシカの移動との強い関連性が指摘されていて、神奈川県においてはイノシシやタヌキなどもヤマビルの拡散に影響していると言われています。山に入った後、服や肌に付いたヤマビルに気づかずに家へ帰ったり他の森へ入ったりすると、人間がヤマビルの拡散に加担してしまうことになってしまいます。山に入った後は、ヤマビルが付いていないか念入りにチェックしましょう。

ヤマビル

# 特集：カヤネズミの巣から分かること

カヤネズミは夜行性で写真のように日中姿を見る機会は少ないですが、本種の巣を見つけることで生息が確認できます。本種は、巣内で繁殖や休息、採食などを行います。イネ科をはじめとした植物の葉を編んで丸い巣をつくるので、空中に巣が浮いているかのように見えます（空中巣）。地表付近に植物に埋もれるようにつくられる巣（地表巣）もありますが、カヤネズミの巣であることを確認するのが難しいため、ここでは主に空中巣について書きます。

巣の大きさや形は様々ですが、球形のものが多いです。カヤネズミの生息環境で鳥類（名古木ではホオジロなど）の巣を見ることがありますが、鳥類はおわん型の巣を「架ける」のに対し、本種は植物の葉を「編んで」球形の巣をつくるので区別できます。本種の巣は複数株の植物の葉を細かく裂いて、それらを手繰り寄せるように編みこんであるものが多いです。植物の葉を編むため、写真のように新しい巣ほど緑色、次第に枯れていき茶色くなります。

カヤネズミの成獣

カヤネズミの新しい巣（上）と時間が経ち茶色くなった巣（下）

巣はだいたい１カ月から２カ月程度で壊れます。

巣探しの際の注意点として必ず長袖長ズボン、軍手を着用しましょう。１つは虫刺されやかぶれ、鋭い葉で傷つくことを防ぐなど安全面上重要です。もう１つはカヤネズミが人のにおいに敏感なので、巣やその周囲ににおいが付くのを防ぐためです。人のにおいが付いたり、草が踏み倒されたりすると子育てを放棄してしまうことが報告されているため、繁殖の可能性がある５月から12月は巣の真横までは近づかずにそっと見守ってあげましょう。

## ＜名古木での営巣状況＞

調査を開始した2017年から4年間本種の球巣調査を行ってきましたが、毎年30個前後の球巣が安定して確認できています。その結果カヤネズミが、田んぼの作業とそれに伴う植物の生長具合に応じて営巣に利用する植物（以下、営巣植物）や営巣場所を変えていることが分かってきました。それでは田んぼの作業スケジュールと共に具体的に見てみましょう。

田植えが行われる頃、カヤネズミは営巣を始めます。冬に草刈りがされなかった場所を中心に、草丈が100cmを超えてから営巣が行われています。営巣開始時期の初夏、湿地ではマコモ、それ以外ではススキが主な営巣植物です。

イネの生長が著しい夏、上記2種の営巣植物に加え、チガヤが頻繁に利用されるようになります。チガヤでは草丈が70cm前後のものを好んで利用します。さらにイネが80cmを超えるあたりから稲穂が揺れる収穫期直前まで、カヤネズミは田んぼに入りイネにも営巣します。無農薬で水稲を行う当地では適度に水田雑草が混じり、イネの間にあるタイヌビエなどにも営巣します。

稲刈り後は畦の傾斜面に生える草地などに避難し、そこで営巣します。上記の3種が継続して利用されますが、冬が近づくにつれススキ、チガヤの乾いた草地がよく利用されます。冬、本種は低いところに巣をつくる傾向があり、ススキの株元などに球巣が見つかります。冬眠せずに、冬を越します。

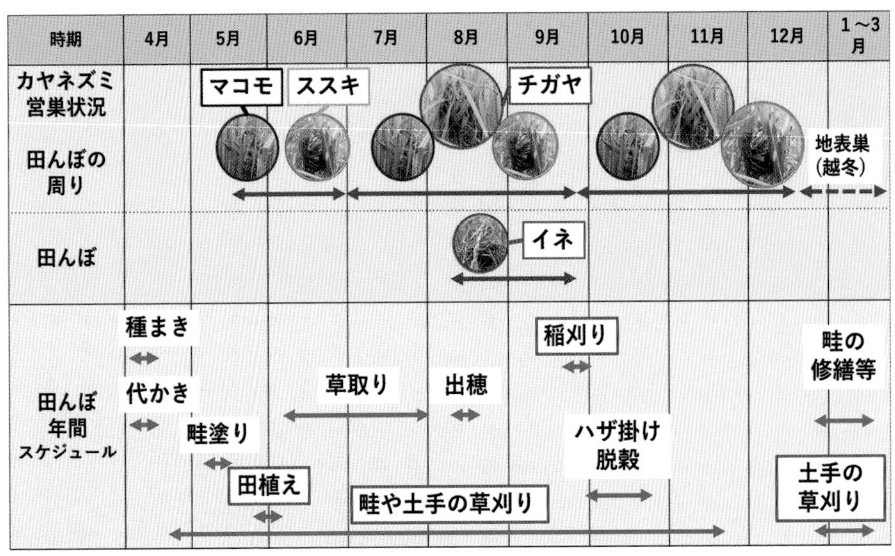


**田んぼの作業スケジュールと営巣の関係** 営巣と密接に関係する作業を赤枠で囲った

## ＜巣を見つけて何が分かる？＞

カヤネズミが営巣のために利用する植物には一定の好みがありました。また、同じ植物種でも一定の草丈まで生長しないと営巣しないことも分かりました。では、本種の営巣に適した草地はどのように維持するでしょうか？

温暖湿潤な日本において一部の環境を除き、草地は放っておくと草は伸び放題となり、人間の身長を優に超えます。長期間放棄すれば、樹木が混じりやがて森林となります。従って、本種が好む植生や草丈を維持するには草刈りにより維持する必要があります。

そこで、本種に適した管理がされているかを確認するために巣を見つけることが重要となります。調査を行ったところ、草刈り頻度が高すぎると草丈が伸びず巣も見つかりませんでした。同じ場所で草刈りをしばらく行わなかったところ巣は見つかりましたが、数が減りました。その中間の管理で最も巣の数が多くなりました。カヤネズミの営巣状況をモニタリングすることは、草地管理を考える上で、１つの「ものさし」の役割を果たすと考えられます。

## ＜草地の減少に伴うカヤネズミの減少＞

本種は全国的に減少傾向にあり、神奈川県では準絶滅危惧種の扱いです。草地環境の減少が本種の減少理由で、管理放棄に伴う草地の樹林化や機械を使った過剰な草地管理なども問題となっています。かつては名古木の田んぼも耕作が放棄され１度荒れ果てていましたが、丹沢ドン会の活動により復田し、手を入れ続けたことで現在でも本種をはじめとした多様な生き物が生存できています。本種を見られる田んぼは珍しくなってきたため、ぜひともこの光景を残していきたいところです。

最後に近年の研究で本種はイネを食害しないことが分かっており、本種が害獣ではないことを知っていただきたいと思います。

耕作放棄後の様子（左）と現在（下）

特集：
# 棚田周辺の生態系の多様性の維持のために

## はじめに

2017年度から2019年度の3年間、「NPO法人自然塾丹沢ドン会」が管理する秦野市名古木の棚田周辺において「慶應義塾大学秦野生物多様性プロジェクト」は生き物調査を行いました。その結果、絶滅危惧種を多く含む400種を超える生き物を記録し、ヒメバチの新種発見などの成果を挙げました。その概要は調査報告書「名古木の生き物たち―棚田が育む多様性―」にまとめてあります。

本特集においては生き物調査によって得られた知見や情報から、棚田を含めた周辺環境（特に草地環境と水域環境）に対する管理手法について、特徴的な種をピックアップして提案を行うものです。草地環境においては特にカヤネズミとバッタ目に着目し、調査結果に基づいた草刈りの頻度や時期などについて、水域環境においては両棲類とホトケドジョウに着目し、水田や小川、ビオトープの管理について、それぞれ提案します。

## 水域管理について

### ＜アカハライモリ＞

山間部の水田を有している名古木の棚田において、最も多くアカハライモリを確認できるのが樹林に隣接する湧水によって維持されている水田（湧水水田）です。先行研究からも上段の棚田に造成される「ひよせ」を繁殖、産卵の場所として利用している可能性が高く、実際に「田んぼの生き物観察教室」では、ひよせからイモリの幼生を採取しています。また、繁殖期におけるひよせ内の水温は水田と比較して低く安定しており、アカハライモリは14～20℃程度の水域に好んで産卵すると言われていることからも、ひよせを産卵場所として選択している可能性が高いと言えます。

ひよせ（左）とビオトープ（右）

以上のことから、湧水棚田においてはアカハライモリの繁殖期である4～5月より前に水深を十分に確保したひよせを造成する必要があります。また、アカハライモリは産卵基質としてセリなどの植物の葉などを利用するため、畔の植生は全て刈らずに水際の植生を残すことで産卵場所の保全に繋がり、泥や刈った草の堆積によってひよせの水深が浅くなりすぎないように留意することが本種の保全において重要です。

湛水のタイミングを調整した研究では、3 月に湛水を行った水田においてハエ目（ユスリカ科など）の幼虫が大量に発生し、5 月に湛水を行う水田ではその増加が見られないことが報告されています。アカハライモリは繁殖期にハエ目の幼虫を大量に捕食しており、繁殖のためのエネルギー源としている可能性が高いため、湧水水田においては 3 月以前に湛水を行うことで、アカハライモリにとって良質な生息環境の造成につながります。

2019 年 3 月 2 日の空撮映像では湧水棚田に鉄バクテリアによる油膜のようなものが確認でき、湛水が行われていることが確認できますが、地面が部分的に見えており、水深が浅いことから急な渇水や冷え込みなどによる凍結・乾燥が心配です。水田の半分から全体に常に水が張られている状態が望まれます。

**＜ホトケドジョウ＞**

日本固有種であるホトケドジョウは湧水性の小河川を主な生息地としていますが、中山間地域の水田における耕作放棄の増加や圃場整備などによって、その生息数と生息地の全国的な減少が指摘されています。環境省のレッドリストにおいて絶滅危惧ＩＢ類に指定されたのを始め、20 以上の都県において準絶滅危惧種以上の指定を受けています。神奈川県においては絶滅危惧ＩＢ類に指定されており、その保全が急務であると言えます。

ホトケドジョウは水田やその周辺で産卵すると言われていて、繁殖は 2 カ月に及びます。名古木の水路から引いた水によって維持されている水田（水路棚田）と湧水棚田、その周辺水路において多数の稚魚が確認されているため、名古木における水域に広く生息しているものと推察され、繁殖が行われていることは間違いないでしょう。ホトケドジョウは冬季に湧水付近へと遡上することが報告されていて、湧水由来の小規模なため池を造成して湧水棚田と水路で接続するなど、棚田から水路や湧水源へホトケドジョウが移動しやすい環境を造成することが本種の保全に繋がる可能性があります。このような水田と水路やため池といった水域との連結は、水生昆虫の増加に寄与することが知られていて、ホトケドジョウのみならず他の水棲生物における生息環境にもなります。

稲刈り後の水田において乾燥によって水田に取り残されたホトケドジョウが死んでしまうことがあります。稲刈り後に水を落とす際は希少な生き物が取り残されていないか探してみても良いかもしれません。また棚田間に水生生物が逃げ込めるような避難場所（小さなビオトープなど）を設置することで生物への影響を軽減することができるでしょう。

## 【総合的な水域管理】

### ＜水路棚田に関して＞

●「水路棚田の最上段」と「ドン会ビオトープ」はヤマアカガエルの産卵場所として可能な限り水深を維持した冬季湛水を行い、水域の連続性を維持する。

●稲刈り後や冬季、渇水時などの乾燥から水生生物を守るため、避難場所として、水路棚田の下段や中間などにも水深を維持したビオトープをつくる。

### ＜湧水棚田に関して＞

●湧水棚田の上段数枚において様々な生物の餌となるハエ目の幼虫が増えるように3月には十分な湛水を行う。

●アカハライモリの繁殖期である5月以前に、水深を維持した状態の「ひよせ」を造成する。

●ホトケドジョウの冬季遡上と水生昆虫の生息数増加を目的として湧水棚田と湧水との連続性を維持する。

それぞれの生物に求められる環境と具体的な作業についてまとめました。上記にて提案した手法は特定の種に着目した水域管理手法であり、全ての水棲生物に配慮した手法でないことに注意が必要です。

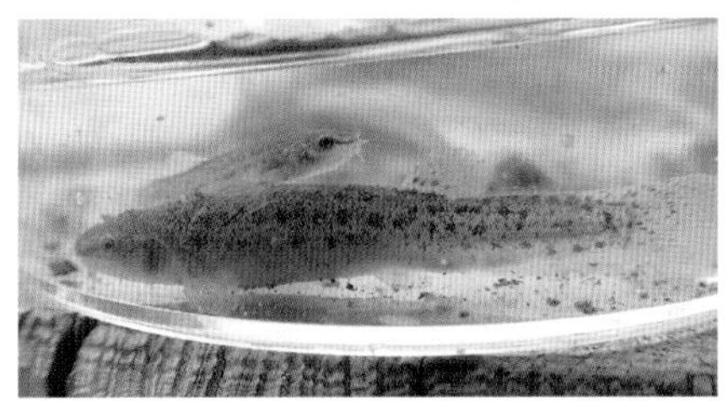

ホトケドジョウの親子

水田の冬季湛水が生物多様性の維持に繋がることを示した研究は多くありますが、ニホンアマガエルにおいては冬季湛水水田よりも5月に湛水と代かきを行った水田を産卵場所として好む性質があるなど、生物種によって必要な環境は異なります。そのことに留意しつつ、求められるマンパワーや管理する人々の合意を含めて検討し、実施可能な手法であるかを判断頂けたら幸いです。

表1. それぞれの生物に求められる環境と具体的な作業について.

| | 求められる環境 | 具体的な作業 |
|---|---|---|
| アカハライモリ | 水深のあるひよせ | 3月以前の十分な水田の湛水とひよせの維持 |
| ヤマアカガエル | 10cm程度の水深を維持した水田の湛水 | 2月以前の十分な水田の湛水 |
| ホトケドジョウ | 水田と水路の連結，ため池やビオトープ | 冬季湛水の維持，ため池やビオトープの造成 |
| 水生昆虫 | 十分な冬季湛水，ビオトープ | 冬季湛水の維持，ため池やビオトープの造成 |

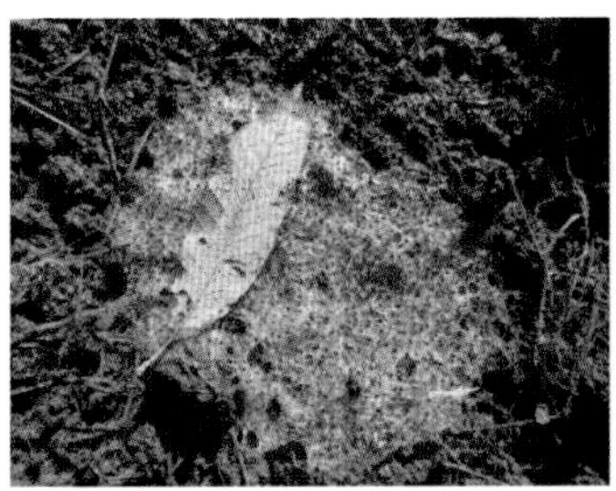

乾燥により干からびてしまったヤマアカガエルの卵(左)
水田内のごく小さな水溜りに残されていたホトケドジョウ(右)

# 草地管理について

一般に「日本は森林の国」との認識が強く、「草地」に注目が集まりません。草地の多くは人為的な攪乱により維持される二次的な自然ですが、生物多様性保全上、重要な環境です。また、調整機能（洪水緩和、水源涵養、花粉媒介など）、生態的防除機能、文化的価値を有するとされ、こうした機能は人々にとっても有益であると考えられます。古くは「秋の七草」など草地性植物が万葉集の中で詠まれ、今でも草地を含む原風景は観光地として人気も高いことから、本来日本人にとって馴染み深い環境のはずです。

しかしながら、全国的に減少傾向にあり、100 年前には国土の 10%程度を占めていた草地は、今では 1%を占めるに過ぎません。かつては肥料や燃料、茅葺屋根など資源的な需要が高く、意図的に草地を残していました。高度経済成長期以降、人々にとっての資源的価値が薄れ、開発の対象となったり、管理放棄されたりして、草地面積が減少しているというのが実情です。

このような状況の中、畦畔草地の重要性が高まっています。農作業の中で草刈りが行われ、草地が残るためです。水田畦畔の面積は阿蘇の草原面積の約 6 倍に匹敵すると言います。従って、草地性生物の生息地として、良好な畦畔草地の維持が求められます。水田は本来作物を栽培する人間のための環境ですが、生態系の機能を活用することで害虫防除の効果があるなど農作業にもメリットはあるので、草地管理の価値を新たに創出し、人と生き物の折り合いを見つけることが重要であると考えられます。

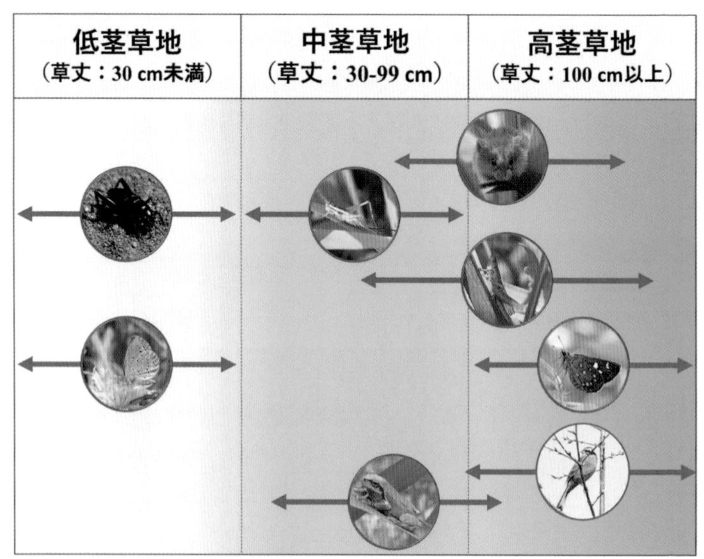


**生き物が好む草地タイプのイメージ図**

## ＜草刈り実施の5つのポイント＞

いくつかの配慮で生物多様性は高まるので、ここでは草地管理に重要な5つのポイントを紹介します。草地のタイプによって生息する生き物は異なるのでバリエーションに富んだ管理が重要になります。

### ●草刈り時期、回数の配慮

草刈りを実施する時期や回数は、植生や草丈に影響を与えることが知られます。前ページの図のように生き物によって好む草地は異なるので、草地性生物の保全には意図的な草刈りの実施が重要です。場所ごとに異なりますが、年1～3回の草刈りが望ましいです。植物の生長のピークである夏場（8月）に草を刈ると草丈が回復しないため、夏秋の草刈りはできるだけ避けた方が良いです。

### ●刈り残す場所を設ける
### （草地の連続性を意識した管理）

機械を使うと短時間で広範囲の面積の草刈りが可能となります。効率的ではありますが、移動力の小さい生き物にとっては大ダメージなので注意が必要です。全面を一気に刈るのではなく、一部刈り残す場所を設けることで、生き物の避難場所が確保でき効果的です。畦の植物の一部を意図的に残すことは土壌流出を防ぐことに繋がるので農業においてもメリットがあります。

### ●高刈りの実施

高刈りとは地際から草を刈らず、地面から数10cm程高い位置で草を刈ることです。バッタ類には植物の根際に産卵する種も多いため、高刈りの実施でこうした種の保全に繋がります。また、地際から刈ると生長点が地際もしくは地下にあるイネ科の植物の増加を促します。結果的に水田害虫のカメムシ類の増加を促してしまうので、それを防ぐためにも高刈りは有効とされています。

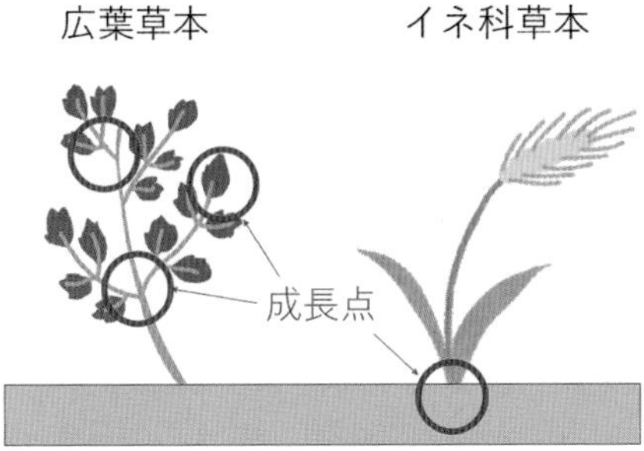

### ●冬期の草刈り時の配慮

冬は、生き物により草地の利用形態は異なりますが、翌春に向け命を繋いでいます。バッタ類の一部は植物の根際に卵の状態で越冬し、鳥類は餌場やねぐらに利用します。全て刈らず、枯れた植物を一部残す配慮が必要です。

### ●外来種駆除に関して

名古木で侵略性の高い外来植物としてセイタカアワダチソウやワルナスビがあります。根茎でも殖えるため、一度侵入すると根絶が難しく、根を残さないように抜き取り作業をするなど根気強い管理の継続が必要です。

ワルナスビは遮光することで生育が抑制されるので、チガヤの草丈をワルナスビよりも高い状態で維持することで、密度の抑制が期待できます。

広葉草本　　イネ科草本

成長点

**イネ科とそれ以外の植物の生長点の位置**

## ＜草刈り実施のポイントの事例＞

斜面の草地の管理例を紹介したいと思います。ここには草丈の低い草地を好むクロツヤコオロギが生息します。また、斜面上部では果樹を育てています。従って、生き物、人の利用の両方の側面から、果樹周辺、斜面下より 2 m程度は高頻度（年 3 回程度）の草刈りをし､低茎草地として維持します。

この斜面にはマツムシやカヤネズミをはじめ、多くの生き物が生息するので、上記以外はチガヤ草地として維持します。先程まとめた 5 つのポイントを考慮するため､写真のように半分（①と②）に分けて管理するのが望ましいと考えます。以下に草刈りのスケジュールの例をまとめました。

半分に分けて管理することで冬、夏共に 80cm 程度の丈の草地が維持されることになります。夏前に草刈りを行うことでカヤネズミの繁殖期などを含む秋には草丈が回復する想定です。

**管理対象の斜面の様子**

**☆チガヤ草地**
[冬(前年度)]
①刈らずに残す　②2～3月頃草刈り
[春～夏]
①5～6月に1度草刈り
②6～7月中旬までに1度草刈り(1か月以上は間隔を空ける)※翌年は春、冬それぞれ、①と②の刈り方を入れ替える。
**☆低茎草地**
[冬(前年度)]
2～3月頃草刈り
[春～夏]
4～5月、6～7月にそれぞれ1回草刈り

| 区画 | 1年目 | | | | | | | | | | | |
|---|---|---|---|---|---|---|---|---|---|---|---|---|
| | 1月 | 2月 | 3月 | 4月 | 5月 | 6月 | 7月 | 8月 | 9月 | 10月 | 11月 | 12月 |
| チガヤ草地① | | | | | **1回目** | | | | | | | |
| チガヤ草地② | | **1回目** | | | | **2回目** | | | | | | |
| 低茎草地 | | **2か月毎に1回程度** | | | | | | | | | | |

**年間の管理スケジュール**　上の文章を図にした

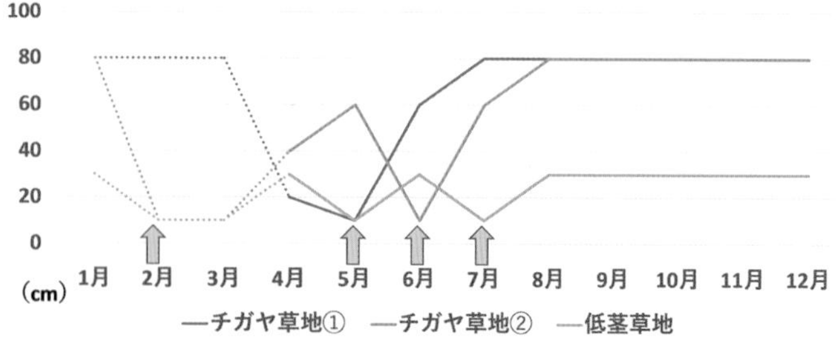


**草刈り頻度とそれによる草丈の変化**
矢印は草刈りのタイミング、点線は冬の枯草の高さを示している

## ＜参考文献＞


●阿部永・石井信夫・伊藤徹魯・金子之史・前田喜四雄・三浦慎悟・米田政明・自然環境研究センター（2008）日本の哺乳類 改訂 2 版．東海大学出版会，206pp.

●浅見佳世・中尾昌弘・赤松弘治・田村和也 （2001） 水生生物の保全を目的とした放棄水田の植生管理手法に関する事例研究． ランドスケープ研究．64(5)，571-576.

●槐真史（2013）ポケット図鑑日本の昆虫 1400 ①チョウ・バッタ・セミ．文一総合出版，320pp.

●槐真史（2013）ポケット図鑑日本の昆虫 1400 ②トンボ・コウチュウ・ハチ．文一総合出版，320pp.

●槐真史（2017）バッタハンドブック．文一総合出版，160pp.

●畠佐代子（2014）カヤネズミの本：カヤネズミ博士のフィールドワーク報告．世界思想社，112pp.

●畠佐代子（2015）すぐそこにカヤネズミ 身近にくらす野生動物を守る方法．くもん出版，143pp.

●畠佐代子・ 高倉耕一（2017）滋賀県彦根市の水田地帯に生息するカヤネズミの食性分析 ： 糞 DNA 分析からの推定．日本環境動物昆虫学会誌 28(3)，121-131.

●平嶋義宏・森本 桂（2008）原色昆虫大圖鑑 第 3 巻 新訂．北隆館，654pp.

●平田寛重・山口喜盛（2007）丹沢大山動植物目録 鳥類．丹沢大山総合調査学術報告書．72-82.

●本間淳（2006）トゲヒシバッタの擬死行動とその適応的意義（特集 鳴く虫 -- 直翅）．昆虫と自然．41(11)： 11-15.

●稲垣栄洋（2012）高刈りでカメムシが減るしくみ．現代農業 2012 年 7 月号，66-71.

●石沢慈鳥・千羽晋示（1967）日本産タカ類 12 種の食性．山階鳥類研究所研究報告．5(1)： 13-33.

●神奈川県レッドデータブック 2006 WEB 版．http://conservation.jp/tanzawa/rdb/

●苅部治紀・加賀玲子（2019）神奈川県におけるムネアカハラビロカマキリの新産地と分布拡大に関する生態的知見．神奈川県立博物館研究報告 自然科学(48)，75-80.

●川上和人・叶内拓哉（2012）外来鳥ハンドブック．文一総合出版，47pp.

●小島耕一郎・岡田充弘（1993）キツツキ類による捕食実態の調査検証．長野県林業総合センター研究報告．7： 61-64.

●小関右介・西川潮 （2015） 多面的機能に配慮した水田の自然再生に向けて．日本生態学会誌． 65，299-301.

●Kotaka, N., Matsuoka, S (2002) Secondary users of Great Spotted Woodpecker (Dendrocopos major) nest cavities in urban and suburban forests in Sapporo City, northern Japan. Ornithological Science. 1: 117-122.
●熊谷聡・安田守 (2011) 哺乳類のフィールドサイン観察ガイド. 文一総合出版, 144pp.
●松井正文 (2018) 日本産カエル大鑑. 文一総合出版, 271pp.
●松村俊和・内田圭・澤田佳宏 (2014) 水田畦畔に成立する半自然草原植生の生物多様性の現状と保全. 植生学会誌 31, 193-218.
●Matsuoka, S (2010) Great Spotted Woodpeckers Dendrocopos major detect variation in wood hardness before excavating nest holes. Ornithological Science. 9: 67-74.
●三上かつら・植田睦之 (2011) 西日本におけるリュウキュウサンショウクイの分布拡大. Bird Research. 7: A33-A44.
●満尾世志人・西田一也・千賀祐太郎 (2007) 谷津水域におけるホトケドジョウの生息環境に関する研究. 農業農村工学会論文集, 250 445-450.
●宮下直・西廣淳 (2019) 人と生態系のダイナミクス 1. 農地・草地の歴史と未来. 朝倉誠造, 164pp.
●守山拓弥・水谷正一・後藤章 (2007) 栃木県西鬼怒川地区の湧水河川におけるホトケドジョウの季節移動. 魚類学雑誌. 54(2) 161-171.
●中西康介・田和康太 (2016) 水田の冬季湛水農法が水生昆虫類およびカエル類に与える影響. 農業および園芸. 91(1), 105-111.
●日本直翅類学会編 (2006) バッタ・コオロギ・キリギリス大図鑑. 北海道大学出版, 728pp.
●Nishida, Y., Takagi, M (2019) Male bull-headed shrikes use food caches to improve their condition-dependent song performance and pairing success. Animal Behaviour. 152: 29-37.
●西川正明・苅部治紀・渡辺恭平 (2018) 神奈川県昆虫誌 2018. 神奈川県昆虫談話会.
●小川雄一 (2012) フィールドガイド日本のチョウ. 誠文堂新光社.62-311.
●奥山風太郎 (2016) 鳴く虫ハンドブック−コオロギ・キリギリスの仲間. 文一総合出版, 108pp.
●大長光純・金子周平・池田浩一・白原徳雄 (1985) シイタケほた木から羽化した昆虫類 (II) —キツツキ被害木の昆虫相—. 日本森林学会九州支部研究論文集. 38: 203-204.
●織部治夫・表俊雄・堂岸宏 (2013) 飼料作物での遮光によるワルナスビの耕種的防除法に関する研究. 石川県畜産総合センター研究報告 43 号, 12-21.
●斉藤正一 (1995) キツツキ類によるマツノマダラカミキリの生物的防除法. 山形県林業試験場研究報告. 25:17-33.

●櫻井博・苅部治紀・加賀玲子（2018）ムネアカハラビロカマキリの非意図的導入事例―中国から輸入された竹箒に付着した卵鞘．神奈川県立博物館研究報告 自然科学(47)，67-71.
●関慎太郎 （2018）野外観察のための爬虫類図鑑第２版． 緑書房，212pp.
●先崎理之・梅垣佑介・小田谷嘉弥・先崎啓究・高木慎介・西沢文吾・原星一（2019）日本の渡り鳥観察ガイド．文一総合出版，91pp.
●Sugiura S, Sato T (2018) Successful escape of bombardier beetles from predator digestive systems. Biology Letters 14(2).
●高橋孝洋・岸一弘（2016）神奈川県で生息が確認されたムネアカハラビロカマキリ．月刊むし（554），48-50.
●高野伸二（2007）フィールドガイド日本の野鳥 増補改訂版．財団法人日本野鳥の会，178pp.
●田和康太・中西康介・村上大介・金井亮介・沢田裕一 （2015）中山間部の湿田におけるアカハライモリ Cynops pyrrhogaster の生息環境選択とその季節的変化．保全生態学研究．20，119-130.
●Townes H (1969) Genera of Ichneumonidae. Memoirs of the American Entomological institute 11.
●内山りゅう（2013）田んぼの生き物図鑑 増補改訂新版．山と溪谷社，336pp
●海野和男（2019）身近な昆虫識別図鑑―フィールドガイド：見わけるポイントがよくわかる―増補改訂新版．誠文堂新光社，319pp.
●渡辺恭平 （2007） 日本産フシダカヒメバチ族 Ephialtini の同定資料． 神奈川虫報．191，65-78.
●八木茂（2020）神奈川県秦野市におけるリュウキュウサンショウクイの造巣から巣立ちまでの観察．BINOS．27：1-10.
●山口恭弘（2004）ヒヨドリの全国移動と農作物被害．農業技術．59(4)：173-178.
●吉田正典・養父志乃夫・山田宏之 （2006） ヤマアカガエル の繁殖環境の修復手法に関する研究． 日緑工誌．32(1)，183-186.
●全国カヤネズミ・ネットワーク編（2003）全国カヤマップ 2002 特別版 カヤ原保全への提言全国カヤネズミ・ネットワーク，32pp.

（**第４章** 担当：慶應義塾大学一ノ瀬友博研究室 秦野生物多様性プロジェクト）

# 動・植物索引（五十音順） 第2章〜第4章

# 丹沢ドン会のあゆみ（1992年3月～2021年9月）

| | |
|---|---|
| 1991年11月 | 「ドンドンが怒った　森の動物たちの反乱」（岡進・作、西巻一彦・絵）夢工房・刊 |
| 1992年03月 | 丹沢ドン会発足（ＤＯＮ=Do for Nature＝ドン） |
| 11月 | 第1回丹沢シンポジウム「丹沢があぶない！」を秦野駅前なでしこ会館で開催（～2006年、第11回まで開催） |
| 1996年04月 | 鍋割山荘・草野延孝さんの呼びかけに応え第1回鍋割山稜登山道の補修ボランティア活動開始（4月、7月） |
| 04月 | 松田輝雄さんの指導でタカの渡り観察会スタート（春・秋） |
| 08月 | 秦野市菩提・わさびや茶園で納涼流しそうめんの会開催（～2000年） |
| 1997年08月 | 秦野市菩提・相原正幸さんの畑を借りてそば作り（～1999年） |
| 1998年06月 | 通信会費制（1家族年2000円）実施、通信会報「ドンタン」（B5判）第1号発行（～2003年、36号まで）、「丹沢塾」開催（～2003年） |
| 1999年12月 | 秦野市名古木・関野丑松さんの畑を借りて小麦・そば作り（～2004年） |
| 2000年06月 | 秦野市名古木・大木仙造さんの棚田で東海大学人間環境学科・室田教室と共同で米づくり開始 |
| 11月 | 第1回収穫感謝祭開催（秦野市青少年野外センター、以後、名古木・関野丑松宅、名古木棚田・ゲンゴロウ広場で開催～現在） |
| 2001年03月 | NPO法人設立呼びかけ人総会開催（秦野駅前・リヨン） |
| 07月 | 宿泊研修旅行実施（福島県檜枝岐・武田久吉記念館と会津駒ケ岳登山ツアー） |
| | 丹沢ドン会ＨＰ立ち上げ |
| 09月 | 「NPO法人自然塾丹沢ドン会」神奈川県より認証、新生ドン会スタート。初代理事長に岡進就任 |
| 11月 | 第7回丹沢シンポジウム「丹沢の先駆者・武田久吉博士と丹沢を語る」開催 |
| 2002年02月 | 秦野市名古木共有林組合の里山で雑木林の管理作業開始 |
| 03月 | 第1回丹沢山麓展開催（秦野駅前・なでしこ会館） |
| 04月 | 名古木自然観察会開催（県立地球博物館高桑正敏学芸部長の指導） |
| 05月 | 「里山・里地グリーンサポーター＜のら人＞」募集 |
| 06月 | 秦野市名古木・遠藤ユリ子さんの棚田・復元開墾作業開始（～03年3月） |
| 2003年03月 | 丹沢ドン会ＨＰリニューアル |
| 03月 | 第2回丹沢山麓展開催（秦野市本町四ツ角商店街・空き店舗で） |

| | |
|---|---|
| 2003 年 06 月 | 名古木の棚田を復元し田植え実施 |
| 10 月 | 「名古木の自然　丹沢の雑木林・棚田の復権と生き物たち」(第 8 回丹沢シンポジウム）発刊 |
| 11 月 | 第 16 回「神奈川地域社会事業賞」(神奈川新聞社・同文化厚生事業団)、第 18 回「手づくり郷土賞」(地域活動部門）(国土交通省) ダブル受賞 |
| | 第 1 回わいわいはだの市場（第 3 回丹沢山麓展）開催 |
| 2004 年 01 月 | ドン会通信会報「ドンタン」をリニューアルし（A4 判)、第 37 号発行 |
| 02 月 | ドン会の「丹沢山麓の里山里地保全事業」が「平成 16 年度神奈川県ボランタリー活動推進基金 21」補助対象事業に選定される（3 年連続) |
| 03 月 | 「地域づくりキーワードＢＯＯＫ　農山漁村活性化のための事例集」100 事例の中の特集 10 事例の一つとして収録（総務省自治行政局地域振興課) |
| 05 月 | 「丹沢自然塾」塾生募集開始。伊勢原上粕屋・雨岳文庫（山口匡一さん）で茶摘みと手もみ茶作り（以後、自然塾の会場、そば畑として借りる。現在は、新そば手打ち体験教室の会場として) |
| 06 月 | 「丹沢自然塾」開講、第 1 回「田植え実習」開催 |
| 06 月 | 「日本の里地里山 30　保全活動コンテスト」選定（2004 年、環境省・読売新聞社) |
| 07 月 | 環境省の「里地里山保全再生モデル事業」全国で 4 か所の一つに「秦野市等」として指定される |
| 07 月 | 第 2 回山岳環境賞・B 賞（「山と渓谷社」）受賞 |
| 12 月 | 第 1 回団塊サミット（鎌倉・建長寺）に参加 |
| 2005 年 01 月 | 「05 年前期自然塾」(1 ～ 6）第 1 回（雑木林の管理教室）開催 |
| 02 月 | 「平成 17 年度県ボランタリー活動推進基金 21」補助対象事業継続決定 |
| 03 月 | 第 10 回丹沢シンポジウム「丹沢山麓里地・里山の元気づくり―地域再生と市民力・地域力」開催 |
| 04 月 | NHK「おはよう日本」で棚田の復元活動・中継（27 日、NHK「みんなのメッセージ」放映・6 月 24 日)。「みどりの日」自然環境功労者表彰　環境大臣表彰を受ける |
| | 名古木の自然調査開始（2 年間、東海大学人間環境学科自然環境課程と協働で) |
| | セブンイレブン助成決定（自然調査報告書作成→ 2006 年 3 月発刊) |
| 06 月 | 「05 年後期自然塾」(1 ～ 6）第 1 回（田植え教室）開催 |
| 2005 年 11 月 | 第 2 回団塊サミット(岐阜県揖斐川町）に参加(研修会 19 名参加) |

| | |
|---|---|
| 2006年02月 | 「丹沢自然塾」を改編（年12～13回のカリキュラム編成）、募集開始。都市と農村を結ぶシステムを編み出す。棚田の復元活動の活性化、「開墾教室」「田んぼの生き物観察会」スタート |
| 05月 | 国際ソロプチミスト秦野（クラブ賞）受賞 |
| 05月 | 第11回丹沢シンポジウム開催 |
| 06月 | NHKテレビBS2「おーい、ニッポン　私の好きな神奈川県」で復元棚田の田植えを全国生中継 |
| 12月 | 第3回「団塊サミットin丹沢」を秦野市と協働で開催（秦野市文化会館）、全国のNPO団体との交流・ネットワークを結ぶ |
| 2007年05月 | 第2代理事長に工藤誠幸就任、ドン会の運営をシステム化。事業を担当制に改変 |
| 05月 | NHKテレビ「ふるさと一番！」で名古木の棚田の復元活動を生中継 |
| 09月 | 「ドン会ニュース」リニューアル№.1（通巻60号）発行 |
| 2007年～<br>2008年 | 東京農業大学による名古木の「棚田の米づくりと水生生物の研究」支援。農大学園祭で研究発表・展示したジオラマを譲り受け、秦野市立東小学校に寄贈<br>東海大学付属幼稚園による名古木の棚田の自然観察会を支援。名古木の竹林管理による竹で竹炭作り。乾燥剤、アート竹炭をお土産に（～2010年まで）<br>名古木の荒廃農地（畑）を使って、そば作り、麦作りを開始。そば、麦とも種まきから収穫まで体験。さらに手打ちそば教室、パン作りなど、安全・安心な食べものづくりを会員・市民に広げる活動を開始 |
| 2009年02月 | 第6回「丹沢自然塾」塾生募集開始 |
| 05月 | 第3代理事長に小川次雄就任。自然塾に「木工教室」「竹細工教室」「草木染教室」などを加え、身近な自然に親しみ、活用する術を学ぶ |
| 2010年04～<br>05月 | 第61回全国植樹祭・市民植樹会に参加、羽根の管理地にヤマザクラ、イロハモミジ、コブシ、クヌギなど180本植樹。以降、自然採取のドングリから苗の栽培→植樹を開始 |
| 2011年03月 | 東北大震災に際し、丹沢ドン会より日本赤十字社を通じて義援金10万円を送る |
| 04月 | 秦野市と共催で「丹沢山ろく里地・里山学習会」を開催<br>併せて、東北大震災応援チャリチィーコンサート（フォルクローレ・木下尊惇さん）を開催。これ以前に集まった義援金＋この時の義援金他合計122,832円を飯舘村に送る |
| 2011年04月<br>～12年02月 | 名古木の須山徹さん所有の休耕田の植物と水生生物の自然調査実施（東海大学人間環境学科北野忠氏、同藤吉正明氏） |

| | |
|---|---|
| 2012 年 02 月 | 「ドン会ニュース」No. 19（通巻 78 号）発行<br>「丹沢ドン会 20 周年記念トーク＆コンサート」を秦野市本町「昭和レトロ五十嵐商店」倉庫で開催、まちづくりを進める市民団体「市民がつくる秦野のまち・ハダノワ」と連携 |
| 03 月 | 第 9 回「丹沢自然塾」塾生募集開始 |
| 04 月 | 秦野市と共催で「丹沢山ろく里地・里山学習会」を開催 |
| 06 月 | 名古木・須山徹さんの棚田の復元作業開始（前年より、水生生物・植生の現状調査を東海大学自然環境課程北野・藤吉両先生のゼミで開始、復元前後の生き物・植生を調査・比較する） |
| 2013 年 02 月 | 第 10 回「丹沢自然塾」募集開始 |
| 03 月 | 名古木の棚田の上の牛糞置き場を借り受け、菜の花、コスモス畑に（3 年後に野菜作りを開始）<br>名古木の須山徹さん所有の休耕田を順次復元 |
| 04 月 | 横浜市青葉区の川崎恵美子さん（故人）より、NPO 法人日本生前契約等決済機構を通して、NPO 法人自然塾丹沢ドン会に遺贈。「川崎基金」として、川崎さんの遺志に答える活用方法、里地・里山の次世代継承に川崎基金を有効活用する方途について検討開始<br>秦野市と共催で「丹沢山ろく里地・里山学習会」を開催 |
| 05 月 | 秦野市植樹祭（名古木）に参加、秦野市里山保全再生連絡協議会との連携 |
| 09 月 | 秦野市立末広児童館の児童による稲刈体験教室を開催 |
| 10 月 | 秦野市と共催で「山ろくウォーキング＋秦野文学講座」を開催 |
| 12 月 | 「ドン会ニュース」No. 26（通巻 85 号）発行 |
| 2014 年 02 月 | 第 11 回「丹沢自然塾」募集開始 |
| 03 月 | 「ドン会ニュース」No. 27（通巻 86 号）発行 |
| 04 月 | 秦野市と共催で「丹沢山ろく里地・里山学習会」を開催 |
| 06 月 | 「ドン会ニュース」No. 28（通巻 87 号）発行 |
| 09 月 | 秦野市立末広児童館の児童による稲刈り体験教室を昨年に引き続き開催 |
| 10 月 | 秦野市と共催で「里山ウォーキング＋秦野歴史講座」を開催。地元名古木を歩く。地域の名人・研究者による地域の宝物、歴史・文化の解説してもらう。地域との交流・連携を深める<br>「ドン会ニュース」No. 29（通巻 88 号）発行 |
| 2015 年 02 月 | 「ドン会ニュース」No. 30（通巻 89 号 ）発行<br>第 12 回「丹沢自然塾」募集開始 |
| 04 月 | 第 4 代理事長に片桐　務就任 |
| 06 月 | 秦野市と共催で「旬な地元食材で味わう山ろく料理教室」を開催<br>「ドン会ニュース」No. 31（通巻 90 号）発行 |
| 09 月 | 「ドン会ニュース」No. 32（通巻 91 号）発行 |

| | |
|---|---|
| 2015年10月 | 丹沢ドン会主催「自然と人と地域を学ぶ長野県中川村ツアー」実施。中川村村民、村長と交流 |
| | 秦野市と共催で「山ろくウォーキング＋秦野自然講座」を開催 |
| 12月 | 「ドン会ニュース」No.33（通巻92号）発行 |
| 2016年03月 | 第13回「丹沢自然塾」募集開始 |
| | 名古木の須山徹さん所有の休耕田復元 |
| 05月 | 「ドン会ニュース」No.34（通巻93号）発行 |
| 06月 | 秦野市と共催で「田んぼの野草探し＋つみ草料理教室」を開催 |
| 08月 | 棚田にイノシシが侵入し稲が全滅 |
| | 「ドン会ニュース」No.35（通巻94号）発行 |
| 10月 | 名古木のドン会フィールド・棚田原で「生物多様性緑陰フォーラム：講師東京大学名誉教授鷲谷いづみ氏」開催（丹沢ドン会・秦野市・神奈川県自然保護協会共催） |
| | 秦野市と「水辺ウォーキング・野鳥観察＋秦野自然講座」を共催 |
| 11月 | 「ドン会ニュース」No.36（通巻95号）発行 |
| 2017年02月 | 「ドン会ニュース」No.37（通巻96号）発行 |
| 03月 | 第14回「丹沢自然塾」募集開始 |
| 04月 | 東海大学・慶應義塾大学による名古木の自然総合調査始まる（2017年4月～2020年3月） |
| 06月 | 丹沢ドン会主催「秋田県三種町増浦交流ツアー」実施。増浦住民、三種町町長と交流 |
| | 「ドン会ニュース」No.38（通巻97号）発行 |
| 07月 | 秦野市と共催で第1回「丹沢こども自然塾」を開催 |
| 08月 | 「ドン会ニュース」No.39（通巻98号）発行 |
| | 棚田に獣害対策のための電気柵設置 |
| 10月 | 秦野市と共催で「里山ウォーキング（秦野湧水・震生湖・渋沢丘陵）を開催 |
| 11月 | 丹沢ドン会の活動拠点・ドンベースが名古木にオープン |
| 12月 | 「ドン会ニュース」No.40（通巻99号）発行 |
| 2018年02月 | 第15回「丹沢自然塾」募集開始 |
| 05月 | 「ドン会ニュース」No.41（通巻100号）発行 |
| | 名古木の小泉利春さん所有の棚田で稲作開始 |
| 07月 | 秦野市と共催予定の第2回「丹沢こども自然塾」台風の影響により中止 |
| 10月 | 「ドン会ニュース」No.42（通巻101号）発行 |
| | 秦野市と共催で「里山ウォーキング（棚田・念仏山・善波峠・富士見の湯）を開催 |
| 11月 | 丹沢ドン会のホームページリニューアルオープン |
| 2019年02月 | 第16回「丹沢自然塾」募集開始 |

| | |
|---|---|
| 2019年02月 | 「ドン会ニュース」No.43（通巻102号）発行 |
| 06月 | 「ドン会ニュース」No.44（通巻103号）発行 |
| 07月 | 秦野市・神奈川県自然保護協会と「田んぼの生き物観察教室」を共催 |
| 08月 | 秦野市と共催で第3回「丹沢子ども自然塾」を開催<br>丹沢ドン会の活動拠点「名古木の棚田」が第11回「関東・水と緑のネットワーク」の新規拠点に選定される |
| 10月 | 秦野市と共催で、名古木ウォーキング&「道祖神と庶民の暮らしを学ぶ」を開催<br>「ドン会ニュース」No.45（通巻104号）発行 |
| 2020年01月 | 「ドン会ニュース」No.46（通巻105号）発行 |
| 02月 | 第17回「丹沢自然塾」募集開始 |
| 03月 | 東海大学・慶應義塾大学による名古木の自然総合調査終了 |
| 05月 | 東海大学が名古木の自然調査最終報告書提出 |
| 07月 | 秦野市と共催で「田んぼの生き物観察教室」を開催<br>「ドン会ニュース」No.47（通巻106号）発行 |
| 08月 | 慶應義塾大学が名古木の自然調査最終報告書提出 |
| 10月 | 秦野市と共催で「名古木の山野鳥の観察教室」を開催 |
| 2021年03月 | 新型コロナウイルス感染拡大による「緊急事態宣言」発令を受け2021年度「丹沢自然塾」の募集を中止する |
| 04月 | 東京農業大学新入生の「自然観察体験実習」（ドン会フィールド・名古木の棚田周辺）再開 |
| 05月 | 東海大学学生による「農業体験実習」（ドン会フィールド・名古木の棚田）開始 |
| 06月 | 「ドン会ニュース」No.48（通巻107号）発行 |
| 09月 | 丹沢ドン会30周年記念「名古木　田んぼの生き物図鑑」刊行 |

**出版物（企画・編集）**

「丹沢があぶない！」（1993年）、「丹沢の林道を考える」（1994年）、「丹沢の生きものたちの悲鳴」（1995年）、「丹沢アウトドアライフを考える」（1996年）（以上ブックレット）、「名古木の自然―丹沢の雑木林・棚田の復権と生きものたち―」（2003年）（財団法人イオン環境財団の「環境保全活動に対する助成金」を受ける）、「丹沢山麓里山・田んぼ物語　伝統的景観復元と地域再生マニュアル」（2004年）（ドコモ市民活動団体助成を受ける）、「名古木の水生生物・哺乳類と野の花たち」（2006年）（セブンイレブン緑の基金の助成を受ける）

**丹沢ドン会　所在地**
〒257-0028　神奈川県秦野市東田原200-49
TEL（0463）82-7652　FAX（0463）83-7355
HP　http://www.donkai.com　E-mail　tanzawa.donkai@gmail.com
NPO法人自然塾丹沢ドン会　理事長　片桐　務　（事務局　金田克彦）

# 名古木の自然調査から見えてきたもの

## 〜あとがきにかえて〜

NPO法人自然塾丹沢ドン会が、東海大学人間環境学科と慶應義塾大学一ノ瀬研究室に協力を依頼し、2017年4月から2020年3月にかけて実施した名古木の自然調査は貴重な成果を収めることができました。3年間にわたる調査の結果、植物252種、動物586種の合計838種が確認されました。絶滅危惧種及び準絶滅危惧種（環境省または神奈川県レッドリスト掲載）は植物4種、動物39種が確認されました。名古木に生育・生息する在来種の保全のために駆除を必要とする外来種は植物3種、動物1種が確認されました。

今回の自然調査は、名古木の棚田周辺の生き物のすべてを網羅的に調査したものではありません。これまでドン会とご縁のあった生き物研究者のみなさんに、それぞれの専門分野の生き物について調査を依頼し、その結果を集約したものです。したがって、この自然調査には、植物については、藻類や棚田周辺の雑木林の植物は含まれていません。また、日本だけでも1200種を数えるほど種数の多いクモは今回の調査の対象になっていません。それらは今後の課題です。それでも、これだけの数の生き物が記録できたことは、名古木の棚田周辺の生態系の豊かさを改めて実証できたのではないでしょうか。「名古木の自然のいま」を知る貴重な手がかりを得た思いです。

名古木の生態系の豊かさの要因はどこにあるのでしょうか。自然調査は次のことを私たちに教えてくれました。名古木の棚田でドン会が実践している米づくりが、農薬、除草剤、化学肥料を使わない、昔ながらの農具を使った手作業によって行われていること、それが、生態系の豊かさの大きな要因になっていることです。手作業による農作業は、畦畔草地や斜面草地に程よい攪乱を与え、多くの生き物が生育できる環境をつくります。また、稲作に欠かせない水田やその周辺の水路、ビオトープなどの水辺環境の整備や草刈りなどの畦畔整備によって、良好な水辺・草地環境が維持され、植物と動物たちの生育・生息の手助けとなっていることが明らかになりました。

このように、ドン会の棚田の維持管理活動が、生物多様性の保全にとっても、きわめて重要であることを改めて認識させられました。加えて、今回の自然調査の結果を踏まえ、棚田の水辺管理とその周辺の草地管理について、慶應義塾大学一ノ瀬研究室「秦野生物多様性プロジェクト」から丹沢ドン会へ貴重な提言がなされました。この提言を活かした水辺管理と草地管理をドン会の米づくりの中で実践していきたいと思います。

丹沢・大山の頂きから中腹〜山ろくへ、さらに秦野盆地、金目・水無川の流域、海へと連なる大いなる自然の循環をむすぶ名古木の「さとやま」。生命の水を貯えた緑のダムを背にした、生物多様性の保全に資するドン会の実践活動が、日本全国～世界の里山活動へとつながることを願っています。

2021 年 8 月

金田　克彦

## ●名古木の生物調査で確認した生物種数

<table>
<tr><td>植物</td><td colspan="3"></td><td>252</td></tr>
<tr><td rowspan="13">動物</td><td rowspan="8">昆虫類</td><td rowspan="5">棚田周辺の昆虫</td><td>チョウ目（チョウ、ガ類）</td><td>126</td></tr>
<tr><td>ハチ目（ヒメバチ科）</td><td>91</td></tr>
<tr><td>トンボ目</td><td>25</td></tr>
<tr><td>バッタ目</td><td>65</td></tr>
<tr><td>計</td><td>307</td></tr>
<tr><td>上記以外の畦道の陸上昆虫</td><td></td><td>142</td></tr>
<tr><td>水生昆虫</td><td></td><td>35</td></tr>
<tr><td>昆虫計</td><td></td><td>484</td></tr>
<tr><td colspan="2">両生類</td><td></td><td>7</td></tr>
<tr><td colspan="2">爬虫類</td><td></td><td>8</td></tr>
<tr><td colspan="2">鳥類</td><td></td><td>72</td></tr>
<tr><td colspan="2">哺乳類</td><td></td><td>15</td></tr>
<tr><td colspan="2">動物計</td><td></td><td>586</td></tr>
<tr><td colspan="4">植物・動物 合計</td><td>838</td></tr>
</table>

## ●名古木に生育・生息する在来種の保全のため駆除が必要な外来種

- **植物**：セイタカアワダチソウ、ワルナスビ、キショウブ
- **動物**（昆虫・カマキリ目）：ムネアカハラビロカマキリ

## ●名古木の自然調査で確認した絶滅危惧種及び準絶滅危惧種

| 分類・種類 | 種名 | 環境省 | 神奈川県 |
|---|---|---|---|
| **＜植　物＞** | | | |
| | イチョウウキゴケ | 準絶滅危惧 | 準絶滅危惧 |
| | ミズニラ | 準絶滅危惧 | 絶滅危惧Ⅱ類 |
| | ミズオオバコ | 絶滅危惧Ⅱ類 | 絶滅危惧Ⅱ類 |
| | イトトリゲモ | 準絶滅危惧 | 準絶滅危惧 |
| **＜動　物＞** | | | |
| **哺乳類** | カヤネズミ | | 準絶滅危惧 |
| | ホンドギツネ | | 準絶滅危惧 |
| | ニホンイタチ | | 準絶滅危惧 |

| 分類・種類 | 種名 | 環境省 | 神奈川県 |
|---|---|---|---|
| **鳥類** | ヨタカ | 準絶滅危惧 | 絶滅危惧Ⅱ類（繁殖期） |
| | ノスリ | | 絶滅危惧Ⅱ類（繁殖期） |
| | オオタカ | 準絶滅危惧 | 絶滅危惧Ⅱ類（繁殖期） |
| | ハイタカ | 準絶滅危惧 | |
| | ツミ | | 絶滅危惧Ⅱ類（繁殖期） |
| | サシバ | 絶滅危惧Ⅱ類 | 絶滅危惧Ⅰ類（繁殖期） |
| | ハチクマ | 準絶滅危惧 | 絶滅危惧Ⅰ類（繁殖期） |
| | フクロウ | | 準絶滅危惧（繁殖期） |
| | ハヤブサ | 絶滅危惧Ⅱ類 | 絶滅危惧Ⅰ類（繁殖期） |
| | 亜種サンショウクイ | 絶滅危惧Ⅱ類 | 絶滅危惧Ⅱ類（繁殖期） |
| | サンコウチョウ | | 絶滅危惧Ⅱ類（繁殖期） |
| | コガラ | | 絶滅危惧Ⅱ類（繁殖期）<br>準絶滅危惧（非繁殖期） |
| | ヤブサメ | | 準絶滅危惧（繁殖期） |
| | センダイムシクイ | | 準絶滅危惧（繁殖期） |
| | クロツグミ | | 絶滅危惧Ⅱ類（繁殖期） |
| | ルリビタキ | | 絶滅危惧Ⅱ類（繁殖期） |
| | コサメビタキ | | 絶滅危惧Ⅰ類（繁殖期） |
| | オオルリ | | 準絶滅危惧（繁殖期） |
| | ビンズイ | | 絶滅危惧Ⅱ類（繁殖期） |
| | アオジ | | 絶滅危惧Ⅱ類（繁殖期） |
| | クロジ | | 絶滅危惧Ⅰ類（繁殖期） |
| **爬虫類** | ヒバカリ | | 準絶滅危惧 |
| **両生類** | アカハライモリ | 準絶滅危惧 | 絶滅危惧Ⅰ類 |
| **昆虫類** | | | |
| **バッタ目** | クロツヤコオロギ | | 準絶滅危惧 |
| | カヤコオロギ | | 絶滅危惧Ⅱ類 |
| | ハネナガイナゴ | | 準絶滅危惧 |
| **チョウ目** | ホソバセセリ | | 絶滅危惧Ⅱ類 |
| | オオチャバネセセリ | | 絶滅危惧Ⅱ類 |
| | アサマイチモンジ | | 絶滅危惧Ⅱ類 |
| | オオムラサキ | 準絶滅危惧 | 準絶滅危惧 |
| | マエアカヒトリ | 準絶滅危惧 | 絶滅危惧Ⅰ類 |
| **ヒメバチ科** | コンボウアメバチ | | 絶滅危惧Ⅱ類 |
| **水生コウチュウ** | | | |
| | コガシラミズムシ | | 絶滅危惧ⅠB類 |
| | コツブゲンゴロウ | | 絶滅危惧Ⅱ類 |
| | コマルケシゲンゴロウ | 準絶滅危惧 | |
| **水生カメムシ** | エサキアメンボ | | 絶滅危惧ⅠA類 |

**丹沢山ろく名古木**
# 棚田の生き物図鑑

**定価**　本体価格 **2000** 円＋税
2021 年 9 月 10 日　初版発行

企画・編集
NPO 法人自然塾丹沢ドン会 ©

制作・発行
夢工房
〒257-0028　神奈川県秦野市東田原 200-49
TEL (0463) 82-7652　FAX (0463) 83-7355
http://www.yumekoubou-t.com
2021 Printed in Japan
ISBN978-4-86158-097-0　C0045 ¥2000E